大學用書

核心職能
管理技能實務

劉偉澍、許成之　著

東華書局

國家圖書館出版品預行編目資料

核心職能：管理技能實務 / 劉偉澍, 許成之著. -- 1 版.
-- 臺北市：臺灣東華，2015.03
296 面；19x26 公分.

ISBN 978-957-483-809-7（平裝）

1. 職場成功法

494.35　　　　　　　　　　　　　　　104003738

核心職能──管理技能實務

著　　者	劉偉澍・許成之
發 行 人	陳錦煌
出 版 者	臺灣東華書局股份有限公司
地　　址	臺北市重慶南路一段一四七號三樓
電　　話	(02) 2311-4027
傳　　眞	(02) 2311-6615
劃撥帳號	00064813
網　　址	www.tunghua.com.tw
讀者服務	service@tunghua.com.tw
門　　市	臺北市重慶南路一段一四七號一樓
電　　話	(02) 2371-9320
出版日期	2015 年 3 月 1 版
	2019 年 3 月 1 版 4 刷

ISBN　　978-957-483-809-7

版權所有・翻印必究

前言

　　學校學的和職場要的，一向有極大的鴻溝，上個世紀末，各國政府相關機構就已經採取了許多解決方案與措施，社會相關媒體、社團、企業也有非常多的投入與努力，莫不期待能夠促進新鮮人的就業能力，強化在職人士的執行力，進而全面提昇工商企業以及國家整體的競爭力。

　　邁入 21 世紀的今天，這條鴻溝仍然存在，特別對大專院校非商管科系的畢業生而言，面對企業徵才強調的「即戰力」，若不能在本科專業知識以外及早培養出就業能力的軟實力，畢業時面對的這條鴻溝，就很難能夠輕易的跨越。而且由於知識經濟時代的到來，工商社會的變遷，即便是商管科系的學生，也要對就業能力的軟實力有一個全方位的認識與瞭解，才能在職場將本身的專業知識靈活運用，發揚光大。

　　作者從學管理、做管理、教管理、從事管理工作、管理教學、管理顧問長達二十多年的觀察、學習、體驗，以及融會，參考當前各國推動的動機、行為以及知識三大核心職能的分類，整理出當前職場工作必備的十八項核心職能，編寫本書，以饗讀者，這也是國內第一本「核心職能」大學用書，職場必備的核心職能，適合各大專院校就業學程通識課程，同時廣泛在各大企業作為內訓教材。

　　學習有用的知識與技能對我們非常重要，如何做好管理工作，把管理的知識與技能落實到工作上，對我們將更有幫助。這些課程對在學的莘莘學子，或是在職的白領階級尤其重要，都是一個寶貴的學習經驗。有理論基礎，有實務經驗，充份加強了大家在社會上、在公司中的競爭能力。在金融海嘯、經濟衰退之後，地球村社會已經進入一個知識領先、創新求勝的時代，在這個大環境下，惟有繼續向下扎根，不斷鑽研學習，精益求精，樂在工作，才能加強個人與企業的競爭能力，邁向成功之路。

劉偉澍　許成之 謹識

溫馨的叮嚀

　　本書另有 CD 光碟投影片，十八章十八個教學 PPT 檔，每一章 PPT 約有一百頁，供三個學分三小時教學，如蒙「核心職能」老師採用，東華書局將提供教學 PPT 配件，配合書本，促進教學學習效果。CD 教學光碟請洽東華書局。

　　作者專設「活得精彩，劉偉澍的學習網站」、「youtube e-Learning 學習網站」與「NTPU 劉偉澍」facebook 粉絲專頁，三個網路平台持續與您分享新知 (網址如下)。

　　　　http://dwsliu.pixnet.net/blog
　　　　https://www.youtube.com/user/dwsliu/videos

　　建議訂閱「pixnet 部落格」與「youtube e-Learning 學習課程」以便自動通知新文章。

　　　　https://www.facebook.com/LiuWeiShu?ref=hl

　　你只要在「NTPU 劉偉澍」facebook 粉絲專頁「右上角按讚」，新文章會主動通知你。

　　各章開始揭示「**本章學習目標**」，請在課後據以自我檢討評量，不足之處，務必溫習補充。

　　各章結束揭示「**腦力激盪、實務精進**」，請在課後依據其揭示內容練習書面寫作，將能強固你的知識能力。作者提供電郵：**madeit111@gmail.com**，歡迎詢問討論，義務指導。

作者簡介

劉偉澍，朋友都叫他 David，昱晶能源科技副總經理，昱鼎能源董事，中華民國企業經理協進會前秘書長、現任理事，商業智庫首席顧問，EMBA 班主任，前中鼎工程監察人，前中美晶監察人，前品爵汽車董事，前福特六和汽車公司財務長兼 Mazda 汽車與 Jaguar 汽車副總經理，同時任教于國立臺北大學商學院，教授企業管理、國際貿易等課程，並常受邀在工商企業界作專題演講。曾榮獲中華民國國家傑出經理人，國家管理獎章。著有 1.「臺灣汽車工業發展文集」，2.「Travel 趴趴走 David 帶你環遊世界，行遍天下」，3.「活得精彩，做好個人管理」，4.「管理技能實務-職場必備的 18 項核心職能」四書。

作者專設「活得精彩，劉偉澍的學習網站」、「youtube e-Learning 學習課程」與「NTPU 劉偉澍」facebook 粉絲專頁，三個網路平台持續與您分享新知 (網址如下)。
http://dwsliu.pixnet.net/blog
https://www.youtube.com/user/dwsliu/videos
建議訂閱「pixnet 部落格」與「youtube e-Learning 學習課程」以便自動通知新文章。
https://www.facebook.com/LiuWeiShu?ref=hl
你只要在「NTPU 劉偉澍」facebook 粉絲專頁「右上角按讚」，新文章會主動通知你。

許成之，美國加州大學(聖地牙哥分校)電機工程與計算機科學碩士、博士。具有電機技師、專案管理學會認證課程合格講師以及公務人員簡任十一職等資格。現為基準企業管理顧問公司總經理。維基百科曾譽為一具有學術風骨與生活智慧的感官達人，在各項領域當中提出許多獨特的看法引領。

曾任美國明州華人學術與專業學會理事兼活動規劃委員會主席、中興電工機械股份有限公司顧問、教育部大專校院評鑑委員、勞動部勞動力發展署評鑑委員及核心職能講師、企業管理顧問公司專案顧問、台灣專案管理學會研討會執行委員會主委及證照委員會副總督導、網路消費協會理事、交通部電信總局電信評議委員、遠距教育學會秘書長、理事、空中教育學會理事、國家NII資訊通信基礎建設教育部推動小組委員、中山科學研究院電子研究所顧問、亞太創意技術學院第二任校長、國家科學委員會精密儀器發展中心副主任、空中大學、南華大學以及華梵大學教授兼主任秘書、推廣教育中心主任、處長、空專校務主任、國防大學理工學院教授兼系主任、專科部主任。

曾任國家科學委員會精密儀器發展中心『精儀期刊』總編輯、電機工程學會『電工』季刊總編輯及顧問、空中大學『空專學訊』總編輯、遠距教育學會『遠距教育』季刊總編輯。曾至新加坡、南非、瑞士、德國、列支登士坦、荷蘭、英國、美國考察。著有期刊論文25篇、研討會論文42篇、技術報告4篇、研究計畫報告7篇、文章發表34篇以及技術發明合作1項。**Email:madeit111@gmail.com**

目錄

前言 iii
溫馨的叮嚀 iv
作者簡介 v

動機職能 DRIVING COMPETENCIES

Chapter 1 生涯規劃 Career Planning 003
一、人生的目標與計劃 004
二、人生的態度 007
三、人生執行的階段 009
四、人生檢驗考核的階段 011

Chapter 2 履歷表撰寫與求職面試技巧
Resume Writing and Job Interview Skills 015
一、就業前的準備 016
二、履歷表撰寫 019
三、面試技巧 022
四、面試 Q&A 028
五、面試危機處理 032

Chapter 3　時間管理 Time Management　037

一、一天 24 小時　038

二、時間的計劃與管理　039

三、管理的概念——效率與效益　040

四、時間管理的基本原則　041

五、時間管理的策略　042

六、時間管理的方法與技巧　047

Chapter 4　樂在工作 The Joy of Working　053

一、做工作的主人　054

二、工作應有的態度　056

三、工作的能力與執行力　060

四、樂在工作應注意事項　062

Chapter 5　改善人際關係 To Improve Relationships with Others　067

一、人際關係網狀圖　069

二、管理你的人際關係和友誼　070

三、要有好的朋友　071

四、四種不同的人際風格　074

五、與人相處的一些基本原則　076

六、六種讓別人喜歡你的方法　077

七、改善人際關係的注意事項　078

Chapter 6　情緒管理 EQ Management　081

一、為什麼溝通不良？　082

二、瞭解情緒　082

三、情緒管理的技巧　　　　　　　　　　　085
　　四、善用五大 EQ，笑看人生　　　　　　　087
　　五、逆境管理，自我激勵　　　　　　　　088

行為職能 BEHAVIOR COMPETENCIES

Chapter 7　有效的溝通管理 Effective Communication　　095
　　一、溝通的態度　　　　　　　　　　　　096
　　二、溝通的方式　　　　　　　　　　　　097
　　三、溝通的內容　　　　　　　　　　　　098
　　四、有效溝通的技巧　　　　　　　　　　098
　　五、溝通案例分享　　　　　　　　　　　102

Chapter 8　簡報技巧 Presentation Skill　　105
　　一、成功簡報的要件　　　　　　　　　　107
　　二、準備簡報的內容　　　　　　　　　　109
　　三、將內容轉化為簡報投影片　　　　　　112
　　四、製作投影片的技巧　　　　　　　　　114
　　五、發表簡報應注意的事項　　　　　　　117
　　六、Q&A 問題之處理　　　　　　　　　122
　　七、評價與學習改進　　　　　　　　　　123

Chapter 9　專業商務電子郵件寫作　　125
　　Writing Professional Business Emails
　　一、寫作基本功　　　　　　　　　　　　126
　　二、明確、簡潔、有條理　　　　　　　　128

三、發請求電子郵件　　　　　　　　　　131

　　四、回覆電子郵件　　　　　　　　　　　132

　　五、該做、不該做　　　　　　　　　　　132

　　六、寫得有說服力　　　　　　　　　　　133

Chapter 10 成功的談判技巧 Successful Negotiation Skill　　137

　　一、談判的基本概念　　　　　　　　　　138

　　二、談判前的準備　　　　　　　　　　　140

　　三、談判的策略與技巧　　　　　　　　　142

　　四、談判時應注意的事項　　　　　　　　146

　　五、談判案例分享　　　　　　　　　　　148

Chapter 11 衝突管理 Conflict Management　　151

　　一、何謂衝突？　　　　　　　　　　　　152

　　二、衝突的原因　　　　　　　　　　　　155

　　三、衝突的類型　　　　　　　　　　　　155

　　四、衝突管理的步驟　　　　　　　　　　157

　　五、化解衝突的技巧　　　　　　　　　　160

　　六、預防衝突　　　　　　　　　　　　　161

Chapter 12 團隊管理 Team Management　　165

　　一、認識團隊　　　　　　　　　　　　　166

　　二、建立成功的團隊　　　　　　　　　　168

　　三、領導團隊　　　　　　　　　　　　　169

　　四、激勵團隊　　　　　　　　　　　　　171

　　五、處理團隊的問題　　　　　　　　　　179

	六、評估團隊績效	181

知識職能 KNOWLEDGE COMPETENCIES

Chapter 13	解決問題的能力 Problem Solving Capability		187
	一、問題與解決問題的能力		189
	二、解決問題的方法		191
Chapter 14	提昇創造力 To Enhance Creativity		201
	一、習慣成自然		202
	二、改變		203
	三、開發創造力		205
	四、提昇創造力		208
	五、創新案例		211
Chapter 15	培養領導能力 Enhance Our Leadership		213
	一、什麼是領導能力？		214
	二、領導人的特質		216
	三、領導原則		222
	四、培養員工的領導能力		226
	五、培養領導力的方法		227
	六、「領導才能訓練」課程設計		233
Chapter 16	執行力 Execution		235
	一、管理循環——計劃、執行、控制		236

二、為何需要執行力？ 237
　　三、工作的能力與執行力 244
　　四、達成執行力的三大基石 249
　　五、執行的三個核心流程 255
　　六、經營策略之執行與控制 259

Chapter 17　建立成功的工作習慣 Good Habits 261
　　一、習慣的不可忽視性 262
　　二、有害健康的生活習慣 265
　　三、養成好的工作習慣 266
　　四、好習慣為成功之本 269
　　五、習慣讓我們忘了突破與進步 271
　　六、改變 271

Chapter 18　壓力管理 Stress Management 273
　　一、認識壓力 275
　　二、壓力與我們的性格 276
　　三、面對壓力的態度 277
　　四、壓力的來源 278
　　五、工作壓力的管理 279
　　六、人際關係的壓力管理 281
　　七、紓解身心壓力 282

動機職能
DRIVING COMPETENCIES

動機職能
DRIVING COMPETENCIES

Chapter 1

生涯規劃
CAREER PLANNING

本章學習目標

藉由本課程
1. 瞭解人生目標的重要，檢視自己，找出正確的人生目標。
2. 建立規劃自己未來人生的能力。
3. 認知並具備面對人生的正確態度。
4. 預見人生不同階段的場景，瞭解人生各階段應有的準備與行動內容。
5. 對自己的人生有全方位的分析能力。

「**生**活的目的,在增進人類全體之生活;生命的意義,在創造宇宙繼起之生命。」這兩句話,一語道破了人生的真諦,哲學家們也對人生有許多深入的探討。想想我們自己,一生忙忙碌碌,讀書的時候忙著讀書,工作的時候忙著工作,為了工作、為了家人、為了小孩,一輩子庸庸碌碌,好像是就這樣子過了一生。

回首人生,感嘆萬千,如果人生能夠重新來過,我們應該如何處理,我們應該怎麼做,才能夠讓我們生活得更好一點?我們應該如何對待人生,讓我們生活得更精彩,讓我們的人生更有意義,更有效率,也更有效益?

生涯規劃可以從管理學的「計劃、執行、考核」管理循環來切入談談。大致上可以分為四個部分、十五個項目來加以討論。

一、人生的目標與計劃

在企業管理上,談到經營管理一家公司,首先要建立企業目標,然後決定達成目標的策略。目標是努力的方向,策略是達成目標的方法手段。同樣的,如果要能好好規劃我們的人生,那麼在我們人生的旅途上,也要有一個目標,一個希望,一個努力的方向,然後根據我們的策略,去努力、去執行。

1. 首先要有理想,要有抱負

人生有夢,築夢踏實,人生有夢最美。人生要有夢想,如果人生沒有夢想,只是日復一日,周而復始,我們的生活將一成不變,會很無聊,我們的人生是沉悶的。但是夢想要有相當程度的可行性,不能好高騖遠,不能不切實際。就像一家公司的市場佔有率不到 1%,但卻訂了一個目標是明年市場佔有率要做到 10%,那是不切實際。當然,目標是可以分為階段性的,一個階段、一個階段的逐步去達成最終的目標。

耶魯大學長達 20 年的研究

1953 年,美國耶魯大學曾經對即將畢業的學生進行了一次有關人生目標的研究調查。開始的時候,研究人員向參與調查的學生們問了這樣一個問題:「你們有人生目標嗎?」對於這個問題,只有 10% 的學生確認他們有目標。然後,研究人員

又問學生第二個問題：「如果你們有目標，那麼，你們是否把自己的目標寫下來了呢？」這次，總共只有 3% 的學生回答是肯定的。

20 年後，耶魯大學的研究人員在世界各地訪問當年參與調查的學生，他們發現，當年白紙黑字把自己的人生目標寫下來的那些人，無論從事業發展還是從生活水平上看，都遠遠超過那些沒有這樣做的同學。這 3% 的人所擁有的財富居然超過了餘下的 97% 的人的總和。

哈佛大學長達 10 年的研究

1979 年，哈佛大學進行的這個研究，是關於目標對人生影響的長期追蹤調查，調查對象是一群智力、學歷和環境等條件差不多的年輕人，調查結果發現：

* 27% 的人沒有目標；
* 60% 的人目標模糊；
* 10% 的人有清晰但比較短期的目標；
* 3% 的人有清晰且長期的目標。

歷經 10 年的追蹤研究，結果顯示他們的生活狀況及分佈現象十分有意思：

那些佔 3% 有清晰且長期的目標者，10 年來幾乎都不曾更改過自己的人生目標。10 年來他們都朝著同一方向不懈地努力，10 年後，他們幾乎都成了社會各界的頂尖成功人士，他們之中不乏白手起家的創業者、行業領袖和社會精英。

那些佔 10% 有清晰且短期的目標者，大都生活在社會的中上層。他們的共同特點是，他們的短期目標不斷被達成，生活狀態穩步的上升，成為各行各業不可或缺的專業人士，如醫生、律師、工程師、高級主管等等。

其中佔 60% 的目標模糊者，幾乎都生活在社會的中下階層，他們能安穩地生活與工作，但都沒有什麼特別的成績。

剩下的 27% 是那些 10 年來都沒有目標的人群，他們幾乎都生活在社會的最底層。他們的生活都過得不如意，經常失業接受社會救濟，並且常常都在怨天尤人，抱怨他人、抱怨社會不公平、抱怨全世界。

這兩個著名的研究指出了生涯規劃的重要，大學畢業前，一定要有清楚的長期

和短期的人生目標,而且要寫出來。

筆者在台北大學教書時,曾問過學生,他們認為什麼是「成功」的人生?大家的價值觀都不太一樣,謹列舉其中十項如下,提供讀者參考:

* 有能力給家人與朋友幸福快樂;
* 無怨無悔,全心全意地努力過,並不留下遺憾;
* 造福人群,服務社會;
* 突破自我的極限,超越自我;
* 身體健康;
* 創造財富;
* 建立名聲與社會地位;
* 找到理想的伴侶;
* 學業有成,具備知識與專業;
* 創業有成,建立自己的事業。

什麼是成功的定義?如果以錢來衡量成功,錢跟學歷和讀多少書並沒有太大關係,一個人即使沒有很高的學歷,還是可以賺很多錢,因為賺錢跟其他因素的關聯性比較大。然而,以錢來衡量一個人是否成功並不是正確的。因為從古到今,有許多大家都很尊敬的人物,他們賺的錢也許不多,可是他們在我們的眼裡是非常成功的。而且,只要一個人能夠快樂、能夠滿足、有成就感,那他也可以說是一個成功的人。因此,錢不能拿來當作衡量成功唯一的標準。

首先問一下你自己,就現階段來說,什麼是你最重要的事情?什麼是你真正想要追求的?什麼是你真正需要的東西?

* 是好的教育?
* 是賺很多的錢?
* 是好的工作與家庭生活?
* 是好的婚姻?
* 還是好的健康?

動機職能
DRIVING COMPETENCIES

當你考慮清楚什麼對你最重要，什麼才是你真正想要的東西，你才能真正確定你的理想、你的抱負，你才能有一個比較清楚、比較明確可行的目標。

2. 要懂得規劃你的人生

就規劃人生的觀點來說，我們可以大致將人生分為三個階段：(1) 求學階段；(2) 進入社會工作階段；(3) 退休階段。

求學階段是很單純的，主要的是把書讀好、考上好的大學、好的研究所，讀到碩士、讀到博士。進入社會以後，中國人說「成家立業」，開始有婚姻問題、家庭問題、子女問題。是到公司行號上班？還是自行創業？三百六十行，行行出狀元，要從事什麼工作？什麼行業？什麼產業？擔任什麼職務？規劃的時間可以分為一年的短期和三到五年的中長期，每一個階段都應該給自己設定一個目標，有計劃的去執行，全力以赴。

郭台銘曾經說：他 25 歲到 45 歲，為錢做事；45 歲到 65 歲，為理想做事；65 歲退休以後，他希望能為興趣做事。這種以年齡分成為錢、為理想和為興趣的三大目標說法，可以作為一種參考，如果到 65 歲以後才為興趣做事，或許並不見得是一個很好的人生規劃。

二、人生的態度

要「精彩生活，活得精彩」，下面六項人生的態度，是很重要的：

1. 保持一顆年輕的心、赤子之心

隨著年齡的增長，一個人的心態會逐漸老去。慢慢會消磨志氣，不復年輕時的雄心壯志，宏圖大展。年輕的心就像一個企業、一家公司草創成長的階段，一切欣欣向榮；當一個企業老化了，公司不再創新，就會慢慢走向老化衰退的窮途末路。當一個人的心態已老，那麼他真的是老了。所以人生能夠保持一顆年輕的心、赤子之心，是很重要的。

2. 要負責任

我們要對自己負責、對家庭負責、對公司負責、對社會負責。所謂「克己復禮，負責盡職」，一個不負責任的人，你還能對他有什麼期望呢？一個推卸責任、不負責任的人，是永遠不會成功的。我們首先要做到的，是對自己負責、對自己的言行負責、對自己的工作負責。能夠對自己負責，才能做到對別人負責、對家人負責、對公司負責、對社會負責。

3. 要積極進取、不斷學習

積極進取的人，他會主動的盡心盡力的去達成任務，而消極悲觀的人，只會自怨自艾，得過且過。態度決定了一切，這是很簡單的道理。不過光是態度積極，還得言行一致，不要光說的是一套，做的又是另一套，虎頭蛇尾，言行不一。

積極進取是一種發自內心的力量，敦促你不畏艱難，勇往直前。當你想要一樣東西，當你想做一件事情，你心中就有一股力量推動你去努力、去完成。有進取心的人為了達成夢想，跌倒了會再爬起來，勇往直前。如果你認為你自己能、相信自己能，你會發現你真的可以做到，這種可以做到的精神，正是我們最後成功的原動力。

人生「活到老，學到老」，要不斷學習。現今科技發達，日新月異。像目前個人電腦盛行，如果不會個人電腦，根本就無法工作，還是得不斷學習。只有不斷學習成長，充實自己；多讀一些企管叢書，多瞭解一些自己行業的資訊發展，多參加一些教育訓練的研習課程。機會和升遷永遠等待著那些在工作上領先別人一步的人。

4. 放寬心胸、豁達人生、凡事看開一點、不要太斤斤計較

人生不如意事十之八九，人生有得意的時候，人生也有不得意的時候。所謂「十年河東，十年河西」。當你失意的時候，當你人生低潮的時候，不妨放寬你的心胸，把人生看開一點，那麼你的日子也會比較好過一點。

人生不如意事十之八九，即使遭遇失敗，也要用鼓勵性、肯定性的態度去面對人生。就像一場比賽，有輸有贏，比賽完了就結束了，不必太在乎輸贏。像《飄》(Gone with the wind) 一書中，郝思嘉 (Scarlett O'hara) 說：「明天又是嶄新的一天。」

動機職能
DRIVING COMPETENCIES

明天永遠是另一個全新的開始、成功的機會。失敗為成功之母，記取教訓，化失敗為助力。從失敗中學習成長，分析失敗的原因，重新擬定新的計劃，採取改正措施，重新再出發。

5. 保持幽默

如果我們的日常生活中多一點幽默，少幾分呆板，就會增添一些生活上的愉快和我們對生活的熱愛。如果我們的工作中多一些幽默，少幾分冷峻，就會減輕一些工作的重負，增進一些工作上的熱情。

幽默不是粗俗的言語，而是一種高雅的藝術。幽默不要使對方感到難堪和尷尬，傷害到對方的感情，或是對別人的自尊嘲笑或譏諷。幽默是一種溝通技巧的提升，需要經過長期的思想鍛鍊；幽默是一種文化的累積，需要達到某種程度的文化水平；幽默代表一個人的素質，體現著一個人的想法和一個人的文化修養。幽默本身是輕鬆的，幽默本身是愉快的。

生活是幽默的泉源，只要以對生活的熱情、對未來的嚮往、對工作的熱誠，去學習、去思考，我們就會發現以生活本身的幽默，才能創造出更多的幽默，幽默為我們的工作和生活帶來更多的喜悅和收穫。

6. 要勇於嘗試、不要遺憾終身

很多事情我們得親身體驗，要試過才有成功的機會。如果研判有可行性，就要好好的規劃後，去認真執行，不要連試都沒試，那麼能夠成功的機會是一點都沒有。你我的人生就這麼一次，要勇於嘗試，不要到頭來埋怨自己，遺憾終身。

 三、人生執行的階段

在人生的執行階段，要「精彩生活，活得精彩」，以下六項是很重要的：

1. 要養成好的生活習慣

好的習慣造成你好的健康、好的人緣、好的效率、好的結果；不好的習慣會讓你不受歡迎、人緣不好、效率低，而自己也身受其害。就像很簡單的東西放定位，

那些老是掉東西的人，就是東西不放定位的人；就像我們在公司的檔案整理也是一樣，養成放定位，會幫你很快的找到你要找的東西。

我們要養成好的生活習慣，因為：

＊好的閱讀習慣，可以厚植我們全方位的能力；
＊好的生活習慣，可以增進我們的健康管理；
＊好的運動習慣，可以舒解我們的壓力與緊張。

2. 要培養好的興趣、好的嗜好

要有興趣、要有熱情，如果你沒有興趣、沒有熱情，你可能喪失往前走、向前行的動力。同時要有好奇心，好奇心就是你要對很多事情都感興趣，都有興趣。好奇心跟熱情一樣，都是你往前走的動力，如果沒有這兩樣特質的話，你的人生是很枯燥的，沒有足夠的動力。

好的嗜好、好的興趣，會讓你的生活多彩多姿、樂趣無窮。可以從「食、衣、住、行、育、樂」生活中，培養你「好」的興趣、「好」的嗜好。有好的興趣、好的嗜好，會讓你工作身心平衡，提昇你的生活品質。

3. 要有好的工作

找到一份合適的工作是很重要的，找一個你有興趣、也適合你的工作，然後在你的工作生涯中，執著專注。工作的成就，不光是在你的社會地位、你的財富，同時也在你的理想、你的抱負，能夠實現。亞里斯多德曾說：「人生要有一個明確可行的構想，也就是一個目標；一旦訂下你的目標，就要以堅定的態度和實際的行動一步一步朝向既定的目標努力。」財富與成就並不是人生的目標，而是當你努力成功後，才隨之而來的報酬。當你一切的辛勞努力都是為了改善自己和家人生活時，你會從工作中得到更多的樂趣。

找一份你有興趣也能夠勝任愉快的工作，做你工作的主人，不要為五斗米而折腰。工作沒有貴賤之分，好好工作，就是好工作。除了有興趣外，最好能夠學有專長，同時能夠學以致用，選擇一份自己擅長的工作。三百六十行，行行出狀元。在僧多粥少的就業機會中，才能夠出人頭地，突顯你的競爭優勢。

4. 要有好的朋友

　　喜歡爬山的人，他的朋友也是一些喜歡爬山的人；喜歡賭博的人，他的朋友也是一些喜歡賭博的人。物以類聚，益者三友，友直、友諒、友多聞。多交些好的朋友是不錯的選擇。如果沒有好的朋友，你會感到孤單寂寞。好的朋友、知心的朋友，能夠跟你同甘共苦，分享你的喜怒哀樂。真正幸福之人，並不在於泛泛之交滿天下，而在於擁有知心的朋友。

5. 要有好的健康

　　這是人生最基本的要求，沒有健康，一切都是空談。同樣的身體，有的人得年五、六十歲，有的人七、八十歲，有的人長命百歲。一個人壽命的長短，除了天災人禍意外事件，跟自己的健康管理有絕對的關係。就像一部車子，有的人猛加油、猛踩煞車，新車不到一、兩年就糟蹋得差不多了；有的人懂得保養，開了五、六年，還是跟新車一樣。身體的健康，其實很簡單，只要善待你的身體，均衡飲食、不抽菸、不喝酒、適當的運動、足夠的睡眠、定期做健康檢查，預防勝於治療。

6. 要有錢，要懂得投資理財

　　人生最好是日常所需不虞匱乏，能有一些錢，過比較舒適的生活，培養一些文化、禮儀和慈善之心。談錢很俗氣，但是錢是很實在的東西。有錢很好，貧賤夫妻百事哀，沒錢真的會很悲慘。我們社會上有五十萬個卡奴，成為很嚴重的經濟問題、社會問題；他們基本上沒能量入為出，節約消費，又不懂得投資理財，才會造成個人負債的悲慘境地。

四、人生檢驗考核的階段

　　從計劃、執行，最後加以考核、控制。檢視一下先前的計劃，目標是否已經落實？前面所說的 14 個項目是否都已經做到了？有哪些項目是不是要補充加強？這是不是你要的生活？

最後要懂得分享

托爾斯泰曾說：「人生有三件事很重要，1. 現在，現在很重要，我們要活在當下；2. 我們要面對的人，對我們很重要；3. 要與人為善，對別人能有所幫助，一樣很重要。」

當你擁有了之後，是不是能夠跟別人分享呢？「好東西要跟大家分享」，把它分享給你四周的人；這樣美好的事物才能夠散播開來。至於如何培養分享的能力呢？首先，要能夠看到別人的優點和成就，瞭解別人為什麼做得到。接著下來，練習自己的表達能力，相信自己也是一個有優點、有成就的人，不要怕別人批評。第三，則是傾聽，很多人做不到這一點，不喜歡聽別人講話。我有一個朋友在大家聚會的時候，他往往一個人講個不停，很少聽別人講話。他當然是一個口才很好、很有學問的人，可是並不是一個很好的分享夥伴。最後一點，要會問問題，有了彼此交換意見的機會，想法就會變得更精彩、更充實。

有一個方法可以用來判斷你的分享方式，看看是不是真的在分享還是只在虛應故事，那就是「你是不是真的想做」。如果你沒有意願，就不是真的分享，如果你會想繼續做下去，那麼就是一個很好的開始，激勵你與別人分享。

分享的方式有很多種，無論是送個 email 分享，大家一起吃個飯、看場電影或是一起散散步的時候談談，甚至在手機社群中聊聊，都是一種分享的過程。希望以上介紹的這些內容能夠對你有一些幫助。祝你能夠真正做到「*精彩人生，活得精彩*」，規劃你美好的人生。

最後作一個總結：

規劃

1. 要有理想、要有抱負，我有一個人生的夢。
2. 要懂得規劃你的人生、規劃你的未來、規劃你的事業、規劃你的退休。

態度

3. 經常保持一顆年輕的心，赤子之心。
4. 放寬心胸，豁達人生；凡事看開一點，不要太斤斤計較。
5. 要負責任。

動機職能
DRIVING COMPETENCIES

6. 要正面思考、積極進取，不斷學習，學習永不嫌晚。

7. 要勇於嘗試，該做就去做，不要因為沒做而遺憾終身。

8. 經常保持幽默。

行動

9. 要養成好的生活習慣。

10. 要培養好的興趣、好的嗜好。

11. 要有好的工作。

12. 要有好的朋友。

13. 要有健康的身體。

14. 要有錢，要懂得投資理財。

檢核

15. 要懂得與人分享。

以下項目可以幫助你對人生的三個階段，作一個自我檢視：

學習成長期

＊你養成良好習慣了嗎？

＊你擁有健康的身體嗎？

＊你學會情緒管理了嗎？

＊你學會表達和溝通嗎？

＊你結交益友嗎？(友直、友諒、友多聞)

＊你學得專業知識了嗎？

＊你學得謀生技能了嗎？

＊你有生涯規劃嗎？

成家立業期

＊你有正當職業嗎？

＊你對工作滿意嗎？

* 你有固定收入嗎?
* 你有投資嗎?
* 你有定期儲蓄嗎?
* 你對婚姻或獨身生活滿意嗎?
* 你有奉養父母嗎?
* 你有持續學習嗎?

退休期

* 你關心社會、國家、世界大事嗎?
* 你退休後想當志工嗎?
* 你還會結交年輕朋友嗎?
* 你樂於分享人生經驗或知識嗎?
* 你經常捐款給慈善、文化、教育機構嗎?
* 你的健康還好嗎?
* 你是否活到老、學到老呢?
* 你對人生還充滿熱情嗎?

腦力激盪、實務精進

❶ 寫出你所認為最重要的三個人生目標,剖析並寫出為什麼你認為這三個人生目標對你而言是最重要的?

❷ 針對上述你認為最重要的三個人生目標,寫出一份行動計劃,預估未來每年你要如何去做,可能會面對哪些問題,又如何去解決這些問題?

❸ 在求知階段、工作階段和退休階段這三個不同的階段中,請寫出你將用什麼態度去對待你的人生目標?

Chapter 2

履歷表撰寫與求職面試技巧
RESUME WRITING AND JOB INTERVIEW SKILLS

本章學習目標

藉由本課程
1. 認識及建立求職應具有的心理準備。
2. 瞭解求職的途徑與技能,具備全方位的求職策略。
3. 加強個人的求職能力。
4. 寫出完整表達的履歷表。
5. 學習到考慮周詳的面試技能。

筆者在好幾所大學做「生涯規劃與就業準備」專題演講時發現，在全球金融海嘯影響之下，失業率居高不下之際，應屆畢業生都感受到莫大的壓力，很多同學對求職的問題非常重視，提出很多疑問。

本章主要是筆者在「履歷表撰寫」與「求職面試技巧」方面長期累積的心得和體驗，提供出來給讀者參考，將能加強讀者的自信與能力。

 ## 一、就業前的準備

畢業前的抉擇

應屆畢業生最害怕「畢業等於失業」，其實畢業即就業並不是唯一的選擇，希望應屆畢業生應先問一問自己：「我準備好要就業了嗎？」先確認你現階段是準備繼續讀研究所還是決定就業？

升學最大的禁忌，就是不管興趣或科系而「盲目升學」，或是「單單只是為了延遲進入就業市場而升學」。

請你靜下心來好好的想一想，並且為自己分析一下：

1. 我喜歡念書嗎？研究所要念哪一所，想要攻讀什麼題目，唸出來之後打算要做什麼？發展性如何？
2. 我在學校的課程中有沒有對哪一個領域的課程特別有興趣或者最拿手的？
3. 我參加過的社團活動有哪些？擔任過什麼樣的職務？在社團中學習到什麼東西？
4. 我大多從事怎樣的休閒活動？是靜態的還是動態的？類型為何？我喜歡穩定的工作環境嗎？或者我喜歡刺激、有挑戰性的生活型態？
5. 我想要成為什麼樣的人？我的能力為何？你在學校學的一切，要拿到職場上運用，都還是要重新開始的，你沒經驗，別人也不一定有經驗，不必太擔心。新鮮人旺盛的學習力，充滿活力與衝勁就是你的本錢，所以面試的時候可要展現出你的自信和熱情，讓老闆瞭解到你的動機強烈，而且要讓他覺得錄取你是最正確的選擇。

身為社會新鮮人的你，可以先搜集一些面試時常會問到的問題，並且在家人或同學面前演練一番，因為面試就像是一場演出，多練幾次就會磨出技巧，正式面試時必定會有精彩的表現。

選擇職業

在投入職場之前，可以多瀏覽一些求職網站或職場情報雜誌，瞭解目前的產業趨勢，以及各種不同職務的工作內容、工作狀況、工作環境、該職務所需要的能力為何？多問問有經驗的學長、學姐或者親朋好友，瞭解各種職業的需求為何？才能做出比較好的選擇。

你知道現在的老闆最愛的員工具備哪一些人格特質嗎？

1. 工作的動機為何？
2. 能吃苦，抗壓性高。
3. 懂得職場倫理和紀律。
4. 人際關係協調度佳。
5. 具有思考能力。

要成為老闆最愛的新鮮人其實也不難，只是多注意一下日常小細節和工作態度，就可以讓他對你愛不釋手。

找到一份理想的工作是大學畢業生們最大的心願，而進入那些知名的大企業更是廣大畢業生的夢想。如何應付這些企業的面試，成為畢業生們最關注的話題。這些知名企業的面試往往有一定的程序，絕非草草而就。因此，一定要有所準備才能成功。

要在面試前得到有關資訊，常常採用的有這幾個方法：

1. 充分利用你的人際關係，與近年進入該企業工作的學長們溝通，以瞭解面試的情形；
2. 查詢該企業的資料，深入瞭解該企業的企業文化特點、目前的情況，多方面瞭解；

3. 利用網路資源，登錄該企業網站，查詢相關資訊。

知名企業面試最看中下列的七點關鍵能力

1. 忠誠度

面臨跳槽，企業往往會看重應聘學生對忠誠度的看法。尤其是一些大型企業，更為重視員工的忠誠度。

2. 實踐能力

在注重學生學習成績的同時，相當多的企業非常重視應聘者的實踐經歷。例如奇異 (GE) 就表示他們要招聘的絕不是簡單的學習機器，在校期間實習、兼職、家教的經驗都是累積社會經驗的好機會，這都應該受到企業的重視。

3. 團隊精神 (Team Work)

經營規模宏大的企業往往非常重視員工的團隊精神，例如往往人力資源部 (HR) 的人就表示，他們公司尤其歡迎具有團隊協作精神的應聘者。

4. 創新精神 (Innovation)

對於大型企業來說，沒有創新，就等於失去了生命力，因此應聘者是否具有創新精神也是很重要的。如台積電在面試中就十分重視應聘者的創新精神和能力。

5. 對企業文化的認可程度

企業在招聘過程中常常會考慮到員工是否能夠認可和適應該企業的價值觀和企業文化，這將決定員工是否能夠很好地在該企業服務。例如 SONY 在招聘過程中把員工能否適應日本文化尤其是 SONY 的企業文化作為重點考核內容。奇異在招聘中也要看學生是否認同 GE 的價值觀，即「堅持誠信、注重業績、渴望變革」。

6. 人際交往能力和良好的溝通能力

如 SONY 把人際溝通能力作為重點考核內容，而一些管理諮詢公司人力資源部的經理則認為，他們在招聘過程中非常重視學生的溝通技巧，因為作為未來的諮詢師，應聘者一定要具有與客戶溝通、協調的能力。

動機職能
DRIVING COMPETENCIES

7. 對新知識新能力的求知態度和學習能力

　　一位企業負責人表示，應屆畢業生往往不具備直接進行業務操作的能力，基本上都要經過系統的培訓，所以學習能力和求知欲應該是重點考察的項目。很多企業都堅持這一原則。往往公司不是很在乎學生與公司要求之間的差距，因為他們對於自己的培訓體系非常自信，只要有強烈的求知欲和學習能力，一定可以通過系統的培訓，脫穎而出，因此在面試中，這兩項考核十分關鍵。

新鮮人求職有下列幾種管道
1. 親朋好友及師長引薦
2. 公立就業服務機構
3. 現場徵才活動 (就業博覽會)
4. 報紙雜誌徵才廣告
5. 網路人力銀行
6. 各公司網頁消息及公司之招募廣告
7. 人才仲介機構
8. 毛遂自薦
9. 自行創業

二、履歷表撰寫

　　你的履歷自傳是你踏出職涯的第一步：

1. 履歷表就是一種自我行銷，目的在於爭取面試機會。
2. 想辦法引起他人興趣，強調個人的競爭優勢。
3. 基本資料、學歷條件、專業能力、社團經驗、實習與打工經驗、應徵職務。
4. 自傳撰寫避免過於冗長，措辭簡潔，以 A4 一張為佳，勿超過 600 字。
5. 避免太過花俏、避免誇大不實；忌諱錯字、漏字。

履歷表的目的

1. 與企業的第一次接觸
2. 最短時間對求職者獲得初步的認識與評估
3. 獲得面談機會

履歷表製作的原則

1. 結構化揭示個人目標、資格、優勢、經驗、未來潛力等
2. 視應徵的工作性或特性,在自傳中加以強調或突顯自己的專長與能力
3. 利用電腦自行設計符合應徵需要的格式
4. 履歷表應完整、簡潔有力,有條理,但是簡單不等於草率
5. 呈現正面、避免負面、不欺騙
6. 量身訂做、隨時更新

履歷表應具備下列九個項目

* 基本資料
* 應徵項目
* 教育程度
* 工作經驗
* 社團經驗
* 專業訓練與專長
* 證照與語言能力證明
* 家庭狀況
* 自傳

1. 基本資料

這是個人的表徵,涵蓋項目包括姓名、年齡、性別、通訊地址及聯絡電話,男性須註明兵役狀況等,身高體重(視工作需要提供)。注意事項:聯絡電話或 e-mail 千萬不可忽略,務必填寫以利對方聯繫,以免喪失機會。

2. 應徵項目

便於企業甄選作業，對自己志向的肯定，因此在履歷表內應註明清楚，如果應徵超過兩項，也應依序註明清楚。

3. 教育程度

讓企業瞭解個人所學背景，以判斷與應徵工作的關聯性，填寫時建議從最高學歷開始依序填寫，註明學校名稱、科系／主修、學習年限等。

4. 工作經驗

說明與應徵工作相關的工作經驗，強調具備的能力與特質，呈現工作能力與經歷，可以突顯個人的專業和特質。初次求職者，可提供打工經驗。

5. 社團經驗

包含曾經參與的社團、擔任幹部及舉辦活動等經驗，因參加活動得到的成長與特質的養成，志趣、合群性、領導能力、溝通能力等。新鮮人在校的社團經驗往往受到企業的重視。

6. 專業訓練與專長

曾參加校外的訓練課程，特別是與應徵工作相關者，具備可能有助於未來工作的訓練，上進的好印象。

7. 證照與語言能力證明

在國際化的趨勢下，外語能力已成為一項必要的工作條件，尤其有意投入國際化或大公司，證照是客觀的證明自己能力的展現，盡可能提出具有公正性的證明。

8. 家庭狀況

填寫家庭狀況欄可供企業瞭解你的家庭組織成員，通常只須寫出父母、夫妻、兄弟、子女即可。

9. 自傳

自傳可以描寫你的人格特質、教育背景、專業技能、論文著作、社團經驗、優良表現得獎事蹟，以及個人職涯規劃。

# 三、面試技巧

面試前的三大準備工作：
1. 先想清楚個人特質及生涯規劃：突顯自己與應徵公司相符之處。
2. 充分蒐集該公司資訊：經營理念、業務範圍、發展方向。
3. 準備自身的小故事：準備約 3 分鐘關於社團經驗、最有成就或失敗的經驗。

面試最重要要傳達的訊息是能充分勝任這份工作、你是公司未來的有利資產、你有強烈的工作意願。

面試時的服裝儀容注意事項

1. 第一印象是非常重要的。
2. 衣著要整潔，頭髮要梳理好，指甲要乾淨。
3. 衣著應配合所申請的職位及工作性質，例如：申請文職工作的男士最好穿西裝、打領帶，女士可穿西裙及薄施脂粉。
4. 穿一套舒適合身的衣服，不用每次購買新的服飾，只要不過舊便可。
5. 在進入面試室前，最好先自我檢查一下。

男士要特別留意的地方

1. 若是需要穿西裝面試，應穿顏色較深的，例如黑色、灰黑色、深藍色等，給人一種穩重、成熟、專業的感覺。
2. 皮鞋要謹記擦亮，鞋帶要綁緊。
3. 領帶的款式要配合所應徵的行業 / 公司的性質和工作需要；例如：應徵會計或律師等專業，應選暗色、淨色或圖案簡單的領帶；應徵廣告或設計的工作，則可以選一些圖案特別、款式新穎的領帶，以突顯個性。

女士要特別留意的地方

1. 穿套裝較端莊得體，亦可穿長裙、長褲，款式及顏色則視乎工作性質及公司而定。
2. 剪裁以簡單為上，顏色亦不宜過分鮮豔誇張。

3. 絲襪宜淡色或以近乎膚色為主，不宜穿有花紋的款式，以免給人浮誇的感覺。
4. 化妝宜清淡自然，不應濃妝豔抹。
5. 首飾亦以簡單、適量為佳。
6. 應避免太薄、緊身、性感的衣飾。
7. 切忌使用過濃的香水；如有需要，可選用清淡的味道。
8. 避免穿著鞋跟太高或太窄的鞋。

基本禮儀

1. 一般不應由親友陪同面試，避免給人不成熟的感覺。
2. 不要緊張，保持自信和自然的笑容，一方面可以幫助你放鬆心情，令面試的氣氛變得更融洽愉快；另一方面，可令主試者認為你充滿自信，能面對壓力。

基本禮儀 < 面試前 >

1. 打招呼
   * 說明來意：告知接待員你是來應徵的，以便做出安排。
   * 應對所有職員保持禮貌，將來他們可能成為你的同事呢！
   * 入房前先敲門，和主試者打招呼，禮貌地詢問是否需要關門。
2. 握手
   * 毋須主動跟主試者握手，應先觀察對方的動作，才做反應。
   * 握手的力道要適中，不宜太大力或太小力。

基本禮儀 < 面試時 >

1. 眼神、點頭
   * 談話時要與主試者有適量的眼神接觸，並點頭作回應，給予主試者誠懇、認真的印象。
   * 點頭不可太急，否則會予人不耐煩及想插嘴的感覺。
   * 切忌談話時東張西望，表現出對應徵職位或公司欠缺誠意。
2. 身體語言
   * 待主試者邀請時才禮貌地坐下，坐的時候要保持筆直。

chapter 2
履歷表撰寫與求職面試技巧 RESUME WRITING AND JOB INTERVIEW SKILLS

＊留意自己的身體語言，要大方得體。

＊蹺腿、搖擺、雙臂交疊胸前、斜靠椅背、單手或雙手托腮都不適宜。

＊切忌有小動作，因為會給人壞印象及顯示出自己不夠有信心，例如：

＊＊男士應避免時常把弄衣衫、領帶及將手插進褲袋內。

＊＊女士不宜經常撥弄頭髮，過分造作。

＊＊避免把弄手指或原子筆、頻托眼鏡及說話時用手掩口。

基本禮儀 < 面試完結前 >

離去時，向主試者道謝及說聲「再見」。

面談時回答問題的技巧

1. 誠實有禮

＊態度誠懇，不宜過分客套和謙卑。

＊不太明白主試者的問題時，應禮貌地請對方重複。

＊陳述自己的長處時，要誠實而不誇張，視乎申請職位的要求，充分表現自己有關的能力和才幹。

＊不懂得回答的問題，不妨坦白承認，被主試者揭穿反而會弄巧反拙。

2. 回答有條理

＊可適當地運用術語，以表示你對該行業有興趣或有一定的認識及經驗，但應適可而止。

＊要加以闡述論點，不要只回答「是」、「不是」、「有」或「沒有」等，給人被動及不可靠的感覺。最好將重點逐一陳述清楚，多引用例子證明。

3. 語調

＊語調要肯定、正面，表現出信心。

＊盡量避免中、英文夾雜。

＊盡量少用助語詞，例如「啦」、「囉」、「呢」……等，避免給主試者一種用語不清、冗長、不認真及缺乏自信的感覺。

動機職能
DRIVING COMPETENCIES

4. 講錯說話要補救

* 面試是一個令人緊張的場合，所以講錯話是在所難免的。
* 如講錯的話會影響主試者的評分，你便要即時作出更正，重申你認為正確的答案。例如：「不好意思，我剛才所講的意思是……」。
* 在講錯話之後，亦不要放棄，必須重新振作，繼續回答其他問題。

5. 其他

* 不要打斷主試者的說話，這是非常無禮的行為。
* 主試者可能會問你一些與申請職位完全無關的問題，目的在進一步瞭解你的思考能力及見識，不要表現出不耐煩或驚訝，以免留給雇主一個愛計較的印象。
* 切忌因主試者不贊同你的意見而驚惶失措。部分主試者會故意反對應徵者的意見，以觀察他們的反應。

主試者咄咄逼人　求職者巧妙應付

人說：「台上1分鐘，台下10年功。」求職面試時，就算擁有多年寒窗苦讀而得的學歷，身懷多年工作累積的絕技，在主試者咄咄逼人之際，也免不了膽戰心驚，一不小心就會出錯。

更何況有些主試者，美其名為「嚴格把關，為企業舉才」，想測試求職者的反應和機智，實際上根本就是極盡整人之能事，尤其是求職者爭的是肥缺美位，主試者更是使出渾身解數，盡問些讓人一時反應不過來的問題，或忽然打出一記怪招，震得求職者頭昏腦脹，稍微信心不足者，當下就會打退堂鼓。

1. 不按牌理出牌，別被嚇愣了

像是一些號稱創意的工作，主試者也常不按牌理出牌的，問求職者一些無厘頭的問題，若你愣個3、5秒鐘答不上話，或是支支吾吾，保證下一秒鐘就會在對方的眼神中、嘴角邊看到輕蔑不屑的嘲諷。以下，就教你幾招專門面對愛出怪招主試者的方法，讓你就算不能拿到100分，至少也有個70、80分，不至於拿鴨蛋或20、30分，影響整體面試成績。

2. 對方節節進逼，切忌怒火中燒

面對說話猖狂、咄咄逼人，老是佔上風、宰制人的主試者，最重要原則就是不要被激怒，更不要因為對方提出的問題過於尖銳，而覺得對方欺人太甚。畢竟，不論對方是個性原本就如此不友好，或是想先給求職者一個下馬威，都切忌激起心中怒火，否則就算你其他條件再好，你還是輸了這場面試。

老實說，有些企業認為專業能力勝於一切，員工個性修養如何，並不是很在意；但也有不少企業，認為團隊合作比什麼都重要，如果員工個性不好，栽培了半天還是枉費心機。所以「激將法」常被主試者當成淘汰大部分應試者的慣用手法，一不小心踩進地雷，可就屍骨無存了。

3. 你態度不好，我 EQ 特佳

整個面試過程，猶如兩個人面對面鬥智，主試者通常用一個明顯不友好的發問方式，或用懷疑、尖銳、單刀直入的眼神，來剝奪對方彬彬有禮的外表，使其心理防線大大潰退，當然，他們不是一群不理性的野獸，而是要為公司找到既具野心創意，同時又具有良好 EQ，能夠承受心理壓力的人。面對殺手型的主試者，防範激將法的方式，要把握「既有問有答，又不失尊嚴」的原則，巧妙善用圍魏救趙、棄車保帥等策略，讓自己看起來既不會傻乎乎，又不是只會耍嘴皮子。但話說回來，如何才能達到這個目的呢？

一些和主試者過招的方法

狀況 1：被懷疑能力，應證明實力

主試者：這個職位一向只任用一流人才，能力普通、體力又不好的人，可能會很辛苦，在這種情況下，你覺得自己能勝任嗎？

求職者 1：如果有機會得到這個職位，我可以證明自己的實力和努力是足以任勝的。（正確）

求職者 2：嗯，我想應該還算可以吧！至少我還蠻努力的。（不正確）

解析

當主試者已撂下「一流人才」、「工作很辛苦」之類的話時，就表示這家企業

需要的是強勢型的員工，相對的，求職者在言詞上也要採取百分之百的肯定句，不容有絲毫的閃爍和懷疑。此外，這樣的公司文化中，埋頭努力幾乎可說是最基本的條件，反而是員工能否展現專業及創意的能力，才是最讓主管印象深刻的條件。

狀況 2：展現挫折經驗，從容應付挑剔

主試者：從求學過程來看，你好像一直都很順利，但對於做業務的工作來說，這未必是一件好事喔！

求職者 1：從小到大，我一直是個負責任的人，所以雖然遇到過很多挫折，我還是努力克服，達成目標。我相信，自己一定會用同樣的態度面對這份值得期待的工作。（正確）

求職者 2：做業務還不是和讀書一樣，反而就是多努力，我不認為這兩者是衝突的。（不正確）

解析

主試者的問題，主要在測試求職者對挫折忍受的程度，重點不在於努力不努力，更不在於過去成績好或壞，所以回答時就不必再重提：過去輝煌的學習成就，有助於未來工作目標的達成，而應強調自己早有歷經挫折的經驗，也已經做好心理準備，對業務工作充滿期待。

狀況 3：面對流言毀謗，眼光要開闊

主試者：你和上一個工作的主管，好像處得不太好。而且我聽說，他在業界對你的評語也很不好，這是怎麼一回事？

求職者 1：人和人之間對某些事看法不同，確實是存在的，我很遺憾之前的主管在同業之間談論我的事。不過我始終認為，每個單位都有既定的任務和目標，只要大家抱持的原則和方向是相同的，就算做法上稍有不同，應該能夠彼此包容、互相欣賞，共同做好一件事情。（正確）

求職者 2：批評別人的人，自己也好不到哪裡去，那個人的話，沒什麼好說的。反正我「行得正，坐得端」，沒什麼好讓他批評的。（不正確）

解析

主試者的問題，基本上是考驗求職者對於前一份工作的評價、對自己能力的剖

析，以及危機處理的能力。所以正確的答覆應該是：不批評前長官、不否定自己、不否認過去的工作能力。除此「三不」政策外，強調工作任務高於一切私人利益，也是高明的回答方式。

面試的十大禁忌

- ➤ 遲到
- ➤ 害羞、缺乏自信
- ➤ 過於寡言
- ➤ 只會說「我不知道」
- ➤ 不懂裝懂
- ➤ 坐相不佳
- ➤ 緊張
- ➤ 過多抱怨
- ➤ 過於市儈
- ➤ 過於做作

四、面試 Q&A

面試時常見之提問如下：

＊自我介紹──請簡單介紹一下您自己

＊求職動機──為什麼想來應徵本公司？

＊為什麼選擇本公司？你對本公司的瞭解

＊為什麼選擇這份工作？

＊你對工作有什麼期許？

＊過去的相關經歷及離職原因？

＊你覺得你的個性如何？優缺點是什麼？

＊在求學／工作期間最感到有成就的一件事？

＊最困難的一件事，你如何解決？

＊你希望的待遇為何？

＊你有什麼問題想要問我嗎？還有其他的問題？

典型面試問題回答思路

面試過程中，主試者會向求職者發問，而求職者的回答將成為主試者考慮是否接受他的重要依據。對求職者而言，瞭解這些問題背後的意義至關重要。本文對面

動機職能
DRIVING COMPETENCIES

試中經常出現的一些典型問題進行了整理，並給出相應的回答思路和參考答案。讀者毋須過分關注分析的細節，關鍵是要從這些分析中「悟」出面試的規律及回答問題的思維方式，達到「活學活用」。

問題1：「請你自我介紹一下」

思路：1. 這是面試的必考題目。2. 介紹內容要與個人簡歷相一致。3. 表述方式上盡量口語化。4. 要切中要害，不談無關、無用的內容。5. 條理要清晰，層次要分明。6. 最好事先以文字的形式寫好背熟。

問題2：「談談你的家庭情況」

思路：1. 針對於瞭解應聘者的性格、觀念、心態等有一定的作用，這是招聘單位問該問題的主要原因。2. 簡單地羅列家庭人口。3. 宜強調溫馨和睦的家庭氛圍。4. 宜強調父母對自己教育的重視。5. 宜強調各位家庭成員的良好狀況。6. 宜強調家庭成員對自己工作的支持。7. 宜強調自己對家庭的責任感。

問題3：「你有什麼業餘愛好？」

思路：1. 業餘愛好能在一定程度上反映應聘者的性格、觀念、心態，這是招聘單位問該問題的主要原因。2. 最好不要說自己沒有業餘愛好。3. 不要說自己有哪些庸俗的、令人感覺不好的愛好。4. 最好不要說自己僅限於讀書、聽音樂、上網，否則可能令面試官懷疑應聘者性格孤僻。5. 最好能有一些戶外的業餘愛好來「點綴」你的形象。

問題4：「你最崇拜誰？」

思路：1. 最崇拜的人能在一定程度上反映應聘者的性格、觀念、心態，這是面試官問該問題的主要原因。2. 不宜說自己誰都不崇拜。3. 不宜說崇拜自己。4. 不宜說崇拜一個虛幻的，或是不知名的人。5. 不宜說崇拜一個明顯具有負面形象的人。6. 所崇拜的人最好與自己所應聘的工作能「搭」上關係。7. 最好說出自己所崇拜的人有哪些特質、哪些思想感染著自己、鼓舞著自己。

問題 5：「你的座右銘是什麼？」

　　思路：1. 座右銘能在一定程度上反映應聘者的性格、觀念、心態，這是面試官問這個問題的主要原因。2. 不宜說那些易引起不好聯想的座右銘。3. 不宜說那些太抽象的座右銘。4. 不宜說太長的座右銘。5. 座右銘最好能反映出自己某種優秀品質。6. 參考答案──「只要為成功找方法，不要為失敗找藉口。」

問題 6：「談談你的缺點」

　　思路：1. 不宜說自己沒缺點。2. 不宜把那些明顯的優點說成缺點。3. 不宜說出嚴重影響所應聘工作的缺點。4. 不宜說出令人不放心、不舒服的缺點。5. 可以說出一些對於所應聘工作「無關緊要」的缺點，甚至是一些表面上看是缺點，從工作的角度看卻是優點的缺點。

問題 7：「談一談你的一次失敗經歷」

　　思路：1. 不宜說自己沒有失敗的經歷。2. 不宜把那些明顯的成功說成是失敗。3. 不宜說出嚴重影響所應聘工作的失敗經歷，4. 所談經歷的結果應是失敗的。5. 宜說明失敗之前自己曾信心百倍、盡心盡力。6. 說明僅僅是由於外在客觀原因導致失敗。7. 失敗後自己很快振作起來，以更加飽滿的熱情面對以後的工作。

問題 8：「你為什麼選擇我們公司？」

　　思路：1. 面試官試圖從中瞭解你求職的動機、願望以及對此項工作的態度。2. 建議從行業、企業和工作崗位這三個角度來回答。3. 參考答案──「我十分看好貴公司所在的行業，我認為貴公司十分重視人才，而且這項工作很適合我，相信自己一定能做好。」

問題 9：「對這項工作，你有哪些可預見的困難？」

　　思路：1. 不宜直接說出具體的困難，否則可能令對方懷疑應聘者不行。2. 可以嘗試迂迴戰術，說出應聘者對困難所持有的態度──「工作中出現一些困難是正常的，也是難免的，但是只要有堅忍不拔的毅力、良好的合作精神以及事前周密而充分的準備，任何困難都是可以克服的。」

問題 10：「如果我錄用你，你將怎樣展開工作？」

　　思路：1. 如果應聘者對於應聘的職位缺乏足夠的瞭解，最好不要直接說出自己展開工作的具體辦法，2. 可以嘗試採用迂迴戰術來回答，如「首先聽取主管和要求，然後就有關情況進行瞭解和熟悉，接下來制定一份近期的工作計畫並報請主管批准，最後根據計畫展開工作。」

問題 11：「與上級意見不一時，你將怎麼辦？」

　　思路：1. 一般可以這樣回答：「我會給上級以必要的解釋和提醒，在這種情況下，我會服從上級的意見。」2. 如果面試你的是總經理，而你所應聘的職位另有一位經理，且這位經理當時不在場，可以這樣回答：「對於非原則性問題，我會服從上級的意見，對於涉及公司利益的重大問題，我希望能向更高層主管反映。」

問題 12：「我們為什麼要錄用你？」

　　思路：1. 應聘者最好站在招聘單位的角度來回答。2. 招聘單位一般會錄用這樣的應聘者：基本符合條件、對這份工作感興趣、有足夠的信心。3. 如「我符合貴公司的招聘條件，憑我目前掌握的技能、高度的責任感和良好的適應能力及學習能力，完全能勝任這份工作。我十分希望能為貴公司服務，如果貴公司給我這個機會，我一定能成為貴公司的有用人才！」

問題 13：「你能為我們做什麼？」

　　思路：1. 基本原則上「投其所好」。2. 回答這個問題前，應聘者最好能「先發制人」，瞭解招聘單位期待這個職位所能發揮的作用。3. 應聘者可以根據自己的瞭解，結合自己在專業領域的優勢來回答這個問題。

問題 14：「你是應屆畢業生，缺乏經驗，如何能勝任這項工作？」

　　思路：1. 如果招聘單位對應屆畢業生的應聘者提出這個問題，說明招聘單位並不真正在乎「經驗」，關鍵看應聘者怎樣回答。2. 對這個問題的回答最好要體現出應聘者的誠懇、機智、果敢及敬業。3. 如「身為應屆畢業生，在工作經驗方面的確會有所欠缺，因此在讀書期間我一直利用各種機會在這個行業裡做兼職的工作。我也發現，實際工作遠比書本知識豐富、複雜。但我有較強的責任心、適應能力和學

習能力，而且比較勤奮，所以在兼職中均能圓滿完成各項工作，從中獲取的經驗也令我受益匪淺。請貴公司放心，學校所學及兼職的工作經驗使我一定能勝任這個職位。」

問題 15：「你希望與什麼樣的上級共事？」

思路：1. 透過應聘者對上級的「希望」可以判斷出應聘者對自我要求的意識，這既是一個陷阱，又是一個機會。2. 最好迴避對上級具體的希望，多談對自己的要求。3. 如「身為剛步入社會新人，我應該多要求自己盡快熟悉環境、適應環境，而不應該對環境提出什麼要求，只要能發揮我的專長就可以了。」

問題 16：「你在前一家公司的離職原因是什麼？」

思路：1. 最重要的是：應聘者要使招聘單位相信，應聘者在過往的單位的「離職原因」在此家招聘公司裡不存在。2. 避免把「離職原因」說得太詳細、太具體。3. 不能摻雜主觀的負面感受，如「太辛苦」、「人際關係複雜」、「管理太混亂」、「公司不重視人才」、「公司排斥我們某某的員工」等。4. 但也不能閃躲、迴避，如「想換換環境」、「個人原因」等。5. 不能涉及自己負面的人格特徵，如不誠實、懶惰、缺乏責任感、不隨和等。6. 盡量使解釋的理由為應聘者個人形象加分。7. 如「我離職是因為這家公司倒閉。我在公司工作了三年多，有較深的感情。但是，從去年開始，由於市場形勢突變，公司的局面急轉直下。到眼下這一步我覺得很遺憾，但還是要面對現實，重新尋找能發揮我能力的舞台。」

同一個面試問題並非只有一個答案，而同一個答案並不是在任何面試場合都有效，關鍵在於應聘者掌握了規律後，對面試的具體情況進行把握，有意識地揣摩面試官提出問題的心理背景，然後投其所好。

五、面試危機處理

面試是整個求職過程中非常關鍵的一步，但在面試時往往會遇到很多意料之外的事，因此要有充足的準備，方能做出適當的應變措施。

狀況 1：惡劣天氣

還未出門的話：

1. 留意天氣報告，若將有颱風或暴雨，應立刻致電該公司，以確定面試是否如期舉行。
2. 如果不能與該公司聯絡上，可於電話答錄機內留下口訊，或於翌日立即致電解釋，並相約下次面試日期，以示對應徵職位/公司的誠意。
3. 如果只是下大雨的話，便應做好準備工夫，前往面試。
4. 提早到面試場地準備，以便有需要時更換衣服及整理儀容。

若已出了門的話：

1. 衣服稍微濕了的話，可到附近商場洗手間內的乾手機吹乾衣服。
2. 若真的趕不及換衣服，唯有向面試官致歉。

＊注意：應將證書及文件放於防水的文件夾或膠袋內，以免弄濕。

狀況 2：交通阻塞

1. 在面試前預先計劃不同的路線，估計所需時間，遇到問題時可隨機應變。
2. 若不太熟悉面試場地附近的環境及交通，可事先前往面試地點一次，觀察周圍環境。
3. 選擇乘搭一些班次較準、時間較易預算的交通工具。

＊注意：記得帶足夠零錢及準備現金。

狀況 3：身體不適

1. 遇到身體不適，很容易影響表現，應視乎嚴重程度而決定應變方法。
2. 病情較輕的話，應看醫生或服特效藥。如因病影響面試表現或遲到，應於面試時解釋及致歉。
3. 太嚴重的話，應與公司負責人解釋，並更改面試日期。

＊注意：有時不適是由於緊張所致，可嘗試放鬆心情。

狀況 4：面試官失約／遲到

1. 面試官大多由公司要員擔任，因此他們或會因公事繁忙而延誤面試時間，甚或忘記了面試的安排。
2. 雖然可能是對方的過失，但仍要保持有禮，可向接待員禮貌地查詢面試的安排，切忌表現得不耐煩或厭煩。
3. 可利用該段等候的時間，溫習一下有關公司或申請職位的資料，切勿自行離去。

狀況 5：記錯地點、時間

1. 因為去錯地點或記錯時間而遲到的話，應立即致電公司致歉，並盡快趕往面試地點。
2. 可致電該公司的接待處查詢前往面試地點的方法。
3. 千萬不要編造謊言，若被識穿的話會做成反效果，給人不可靠的印象。
4. 不太熟路的話，應帶備地圖，方便查閱交通路線。
5. 怕記錯時間、地點的話，可事先致電該公司，再確定一次！

應變的原則

總括來說，以下是一些幫助你臨危不亂的原則：

1. 帶著手機，必要時可聯絡該公司或向其他人尋求協助。
2. 遇到任何困難時，應保持鎮定，靈活應變。
3. 在緊急的時候，也要謹記以禮待人。

求職安全守則

應徵前做好「三大準備」

1. 請朋友、家人陪同面試，或面試前告知親友應徵地點。
2. 檢視欲應徵公司是否有下列情形，若有，請提高警覺、小心受騙：
   (1) 連續數週或數月刊登徵人廣告。
   (2) 徵人廣告內容記載不合乎常情的待遇優厚，公司業務、工作內容模糊不確

定，如：工作輕鬆、免經驗、可借貸……。
   (3) 徵人廣告內容僅載有公司名稱及地址或僅留電話、聯絡人、郵政信箱、手機號碼。
3. 查探公司虛實：
   (1) 查網站 (經濟部、勞工局) 看公司是否合法。
   (2) 到公司外面查看辦公環境，注意其對外互動是否正常。

應徵當天堅守「五不原則」

1. 不繳錢：不繳交任何不知用途之費用。
2. 不購買：不購買公司以任何名目要求購買之有形、無形產品。
3. 不辦卡：不應求職公司之要求而當場辦理信用卡。
4. 不簽約：不簽署任何文件、契約。
5. 不離身：證件及信用卡隨身攜帶，不給求職公司保管。

常見的求職陷阱有如下列

1. 假徵人真推銷：如生前契約、靈骨塔。
2. 假徵人真誘使加入多層次傳銷或加盟：如不實生化科技公司。
3. 假徵才真招生：如航空補習班、電腦補習班，打著「中華民國第 ×× 期職訓」或「知名廠商徵才」等名目。
4. 假徵才真詐財：如違法的家庭代工、不實的演藝及模特兒公司。
5. 在面試時盡量不要隨便喝對方提供的飲料或吃對方提供的東西，可自己帶飲水。

chapter 2
履歷表撰寫與求職面試技巧 RESUME WRITING AND JOB INTERVIEW SKILLS

腦力激盪、實務精進

❶ 寫出你最想進入的三種職業，剖析並寫出為什麼你認為這三種職業對你而言是最重要的？針對這三種職業，上網搜尋出五個你最想去的公司，並寫出這五個公司吸引你的特色是什麼？評估並寫出自己能夠勝任的可能性。

❷ 針對上述五個公司，依據公司的特色和需要，分別寫出一份你認為是最有說服力的履歷表。

❸ 對應上述五個公司的面試，請寫出你前往面試的詳細行動規劃，包含服裝穿著、隨身攜帶的物品、出發的時間地點、到達的時間地點、搭乘的交通工具、過程中應注意的事項等。依據你寫的詳細行動規劃，面對 Google Earth 的地圖做模擬演練，檢視改進你最初的詳細行動規劃。

Chapter 3

時間管理
TIME MANAGEMENT

本章學習目標

藉由本課程
1. 檢視自我時間分配,找出更有效率的分配與執行方式。
2. 善用時間管理的工具,並隨時運用時間管理的技巧處理突發情形。
3. 增加時間運用的能力,並減少因事務繁多處理不及造成的自我壓力。
4. 瞭解自我的時間管理優缺,將時間管理的創意融入生活中。
5. 學習時間管理應用在工作的技巧,提高工作效能。

時間是最珍貴的資源,每一個人的一天都同樣只有 24 小時。古人說:「一寸光陰一寸金,寸金難買寸光陰。」時間過去了不會回來,而且你我都無法用金錢買回時間。因此在人生有限的歲月裡,怎麼充分的利用我們的時間,讓我們的生活更有意義,讓我們的日子過得更愉快,是每一個人都會感到興趣的課題。本章從管理學的角度,來談一談個人的時間管理。

一、一天 24 小時

要談時間管理,首先來看一看每天的 24 小時。究竟我們每天是怎麼使用這 24 小時的。

以前有人說:「8 個小時睡覺,8 個小時工作,8 個小時休息。」這是所謂理想的三八制。現在根據醫學的實驗證明,睡眠只要熟睡,6、7 個小時就足夠,並不需要睡到 8 個小時。工作 8 個小時?如果你一天的工作只要 8 個小時,那你真是太幸福了,現在工商社會工作忙碌,一天工作超過 10 個小時的人比比皆是。

試著先從工作日看看,是怎麼使用這一天 24 小時?

如果一個人住台北,但上班地點在中壢工業區,每天來回要花 2 個小時在開車,為了避開上下班交通壅塞,早出晚歸最理想。通常晚上 11 點前就寢,早上 6 點前起床,睡眠 7 個小時。6 點就出門上班,到晚上 8 點前回到家,上班時間加上開車長達 14 小時。他從晚上 8 點到 11 點就寢,只有 3 個小時的私人時間。以工作日而言,工作時間較長,休息時間較短,經常每天都會是充實忙碌的一天。

同樣的,你也可以評估一下你是怎麼使用你的 24 小時。下面這個表可以用來做一個分析和檢討。

時間	主題	實際用的時間	理想的時間	差異比較
11 p.m.–6 a.m.	睡眠	7 個小時	8 個小時	少 1 個小時
6 a.m.–8 p.m.	工作	12 個小時	8 個小時	多 4 個小時
	開車	2 個小時	—	2 個小時
8 p.m.–11 p.m.	用餐等	3 個小時	8 個小時	少 5 個小時
	總計	24 個小時	24 個小時	Nil

到了週末的時候，星期六上午，這個人會處理一下家務、整理盆栽，把家裡打掃得乾乾淨淨，一塵不染，下午去教3個小時的課，晚上看HBO電視影片或是去看場電影、觀賞藝文表演，過個充實的一天。

有些朋友會問，筆者在外商公司上班，工作忙碌，怎麼還會有時間在大學教書？怎麼能夠經常出國旅遊？又怎麼還有時間演講、寫文章？

外商公司的文化是公私分明的，週一到週五全時專注在工作上，週末則是屬於自己的時間。週六在大學教三個學分，一個星期只教3個小時，自然可以勝任愉快。外商公司每年有近二十天的假期，可以安排到寒暑假時進行2到3次的國外旅遊。工作的時候努力工作，休息的時候充分休息，生活自然會感到比較充實，而且游刃有餘。

二、時間的計劃與管理

首先檢視你每一天的生活作息，然後擴大到一個星期、一個月、一年，看看你怎麼安排你的時間。接下來就可以決定未來一個星期、一個月、一年，你要怎麼計劃？

很多事情都需要事先計劃，像剛才提到每年安排國外旅遊，如果年初春節假期，南半球是夏天，就可以去南美洲、南非。六月中，就可以安排去俄羅斯或是北歐四國。

又譬如說，筆者之前出了一本旅遊書《Travel 趴趴走，David 帶你環遊世界，行遍天下》，目前又打算從管理學的角度再寫一本對大家都很實用、很有幫助的「個人管理」的書，如果利用假日，在沒有催稿的壓力下，兩個禮拜寫一章，大概一年多的時間可以完成。

健康很重要，可是很多人會推說沒有時間運動。筆者曾經同時擔任籃球社、桌球社社長，固定每個星期五下班後，跟同事們、社友們以球會友，痛痛快快的打2個小時的籃球或桌球。相信你也一定有時間運動，只是看你的決心，要不要做而已。

有很多職場人士去大學的EMBA進修。把時間花在學習上是最好的投資。有了工作經驗後再讀EMBA，可以把所學應用在工作上，有理論基礎，也有實務經驗，

兩者相得益彰。如果你想充實你自己的英文能力，也可以花點時間去學好英文。但學習是要有計劃的，讀 EMBA 就至少要把二年的時間管理先規劃好。

三、管理的概念──效率與效益

當有了計劃之後 [在什麼時候 (When?)、做什麼事情 (What?)]，在執行階段之前 [如何做 (How?)、在什麼地方 (Where?) 和什麼人 (Who?)]，先談一談管理學上很重要的兩個概念，效率 (Efficiency) 和效益 (Effectiveness)。

以前，工業管理、企業管理著重在效率，效率講求快，講求事半功倍。工作要有效率，就像從前汽車大王亨利‧福特一世 (Henry Ford) 首創的生產線大量生產 (Mass Production)，就是很有效率的革命創新。現在這個時代，除了講求效率之外，還更要注重效益。

管理學大師彼得‧杜拉克 (Peter Drucker) 曾說："Efficiency is doing things right; effectiveness is doing the right things." 效率是把一件事情做對了，至於做的是不是「對」的事情，則不得而知。像小偷也可以很有效率，一個有效率的偷車賊，10 秒鐘就可以打開車門，偷車成功，但偷車不是一件「對」的事情。

在企業管理上，除了要效率外，更要確認是不是在做「對」的事情，才有效益。而一位高階主管最重要的事情，就是要隨時確認自己的公司是正在做對的事情，而且是走向對的方向，除了注意效率外，更要注意效益，要先看有沒有效益再去做，做的時候要有效率。

換句話說，第一個是要做對的事情，第二個是要做有效率的事情，第三個是要有效率的做對的事情。在企業管理上是這個樣子，在個人的時間管理上也是如此。

時間管理是一門學問。時間管理的真諦，並不是要你用最短的時間，做最多的事情，而是要你選擇對的事情來做，甚至要你少做一點不必或不該做的事情，把人生的每一分鐘過得有意義。做對的事情，遠比你把事情做對，來得重要。

做對的事情，是指先選擇重要的事情來做。把事情做對，是指做事情的時候要用正確的效率及方法。所以，要先選擇重要的事情來做，然後才來講求正確的效率及方法。否則，等到事情快要接近完成的階段，才發現眼前的目標，並不是自己真

正想要的，埋頭苦幹的結果，很可能到最後只是白忙一場，不僅浪費了時間和投入資源，也可能就此失敗，無法挽救了。

至於什麼是重要的事？我想答案完全視個人狀況而定，因人而異。只要是對你達成人生目標與幸福有幫助的事，都可以算是重要的事。把大部分的精神，投入在重要的事情上，不要浪時間做一些無意義的事情，就是做好時間管理的第一步。

四、時間管理的基本原則

1. 輕重緩急

事有輕重緩急，我們可以把要處理的事情，根據事情的重要性分成重要的和較不重要或次要的事情；根據事情的急迫性分為緊急的事情和不緊急的事情。時間管理的基本原則是：先輕重，後緩急。先處理重要的事情，再處理次要的事情；先處理緊急的事情，再處理不緊急的事情。

以輕重為橫軸，緩急為縱軸，可以列成一個表格，如下圖所示：

急 (緊急的)	第三優先 急＆輕	第一優先 急＆重
緩 (不緊急的)	第四優先 緩＆輕	第二優先 緩＆重
	輕 (較不重要或次要的)	重 (重要的)

上圖中，優先順序則為：

(1) 第一優先：先處理重要又緊急的事情。要馬上辦。
(2) 第二優先：處理重要的但不緊急的事情。要先好好規劃後再辦。
(3) 第三優先：處理次要的、緊急的事情。可以馬上辦，但只花很少的時間；可以請他人代勞，省了自己的時間；也可以把這一類的事集中起來，用最短的時間一次都解決掉。

(4) 第四優先：最後處理既不重要又不緊急的事情。這一類的事，若無效益可言，就有空再說吧！

以上可見，第一優先和第四優先是非常明確的，趕快辦或根本就不用辦。但第二優先和第三優先則往往並不非常明確，有一些彈性，有時因為急迫性的考量，次要的可能比重要的要先去做，這就要看實際面臨的情況去作正確的決定了。

下一次，當你同時有很多事情要做的時候，記得用上面這個表格，依先輕重後緩急的原則，先定出處理事情的優先順序，再依照優先順序去逐一完成你的工作。而且，有智慧的你，是懂得經常整理事情優先順序的人，因為隨時隨地都會面臨新產生的問題，那就要馬上再洗牌，找出新的優先處理順序。

2. 80/20 原理

另一個很重要的原理則是社會學上的 80/20 原理。80/20 原理廣泛的應用在企業管理上，也可以應用在時間管理上。80/20 原理是在一群事物中屬於「重要的少數」只佔 20%，而屬於「瑣碎的多數」則佔 80%。倘若能掌握那些只佔 20% 重要的少數，就能獲得 80% 的成效。但若致力於佔 80% 的瑣碎的多數，則只能產生 20% 的效果。所以我們要花時間在產生 80% 效果「重要的少數」，而不要浪費太多時間在只有 20% 效果的「瑣碎的多數」。

3. 例外管理

例外管理是指管理者應把注意力集中於「例外的」或「不尋常的」事項。而「例內的」或「期待中可以接受的」事項，則不需花太多的時間。

五、時間管理的策略

策略 1：設定明確的目標

將時間用在與目標相關的工作上。目標是未來某個時間想要達到的一個特定、可以衡量的結果，目標越明確、越可衡量，你越知道如何去找資源、找機會來完成它。

目標的種類

時間：短期、中期、人生

對象：健康、家庭、工作、學習、公益、回饋社會、娛樂

設定目標的方法

1. 必須正確且適合自己
2. 寫下來
3. 經常思考與檢討
4. 尋求良師益友建議
5. 定下完成期限

策略 2：設定遠大的人生目標

人生目標是終身的事業目標，是屬於自己的人生目標，要配合自己的專長和興趣去找到。發覺並堅持自己專長和興趣其實是很重要的。請看：

Microsoft 的創辦人 Bill Gates 中學寫電腦程式，一個暑假賺 5,000 美元。大學沒唸完就全心投入工作。2007 年曾經連續 13 年蟬聯《富比士》全球億萬富翁排行榜世界首富，2008 年從微軟退休後，捐出了大筆資產，交出世界首富的寶座。

NIKE 的創辦人 Philip Knight 高中的時候，父親堅持兒子要自己去找工作，不讓他在自己的公司打工，暑期工讀上晚班，他因此每天早上從打工的地方跑七英里路回家。

名導演 Steven Spielberg 自小便喜歡冒險與幻想，又勤於思考。12 歲生日那天，父親送了他一架袖珍攝影機，從此他對拍電影非常著迷。大學畢業後，他去採訪了環球公司電視部的總經理，因此不久成了與好萊塢電影製片廠簽訂長期合同的最年輕導演。34 歲，初出茅廬的史蒂芬・史匹柏僅用十天就導演了他的第一部電視片《飛輪喋血》(*Duel*)。

策略 3：記錄你的生產時間

「生產時間」是用在自己目標相關工作上的時間。每天用一個簡單、有效的數字把自己的生產時間記錄下來，並且做一個比較和檢討。

策略 4：每天一定要擬定每日計劃

掌握你的每一天，不要虛度，一定要思考你的每日計劃，而不是隨便交給別人決定。有一些擬定的要領如下：

1. 在記事簿上寫下 3 到 6 項今天要完成的事項。
2. 尚未開始工作前擬定。
3. 不必訂下確定的時間。
4. 要有一、兩項是和自己目標相關的事項。
5. 持續不斷的去做。

策略 5：使用記事簿

記事簿是時間管理最重要的工具之一。

1. 最適當的形式——6 孔活頁、7 吋或 5 吋長。
2. 四大部分——通訊錄、每週行程、每日計劃、備忘錄。
3. 自己發展適合你的記事簿。
4. 所有資料記在記事簿上。
5. 隨身攜帶 (查閱、記錄)。

策略 6：學習英文的效率

1. 實用程度。
2. 熟背國中英語課文 (具備聽、說、讀、寫中上程度)。
3. 熟背技巧：大聲朗讀 20 次。
4. 利用多媒體教材 (英語 900 句型)。
5. 進階程度。

「說寫」和「聽讀」分開學習
* 說、寫：將要講的話，或要寫的文章，寫下來，找美國人修改，修改後熟背。
* 聽：MP3；《空中英語教室》(TIME for Students)。
* 讀：英文教科書、報紙。

策略 7：清理你的桌子

為何要整理桌子？
* 縮短找東西的時間。
* 容易分心。
* 無法看出事情的優先順序。

方法：只做分類 (四類) 工作
* 待丟棄。
* 待處理。
* 待歸檔 (take care by yourself)。
* 待送出 (後三類放在三層文件架上)。

辦公室的佈置
* 桌上只放電話、檯燈、電腦鍵盤。
* 桌上不要上放家人照片或飾品。
* 不要使用桌墊。
* 不要在自己辦公室內掛佈告欄。
* 使用兩個垃圾桶 (長方形、A4 紙箱)。

策略 8：資料分類、整理檔案、整理名片
* 為何整理不好？

資訊分類的問題
* 可歸於多類。
* 無法歸於任何一類。

＊放錯類別。

＊忘記文件放在什麼檔案。

＊分類花時間。

＊大多數歸檔文件不會再使用。

分類原則——簡單、經濟、有效(快速、找得到)

策略 9：絕不半途而廢

我撰寫《Zest for Life》一書的經驗，中期目標不可半途而廢。在棒球比賽裡，得分不是取決於安打的數目，而是取決於奔回本壘的次數。

策略 10：一氣呵成

分次處理的缺點，寫作、寫報告要一氣呵成，學習電腦一氣呵成，養成一氣呵成的習慣，事後獎勵。

策略 11：充分做好事前準備

＊事前準備——讓你計劃順利執行的先決條件。

＊出門前的檢查。

＊放假前應考慮周延。

＊如何避免「忘了帶」或「忘了事前準備」。

＊環境變換前考慮清楚。

＊想到立刻做。

＊想出「免記憶」的方法。

策略 12：避免拖延

＊回信的拖延。

＊立即處理的好處。

＊避免不重要的事變成緊急的事。

＊避免遺忘。

＊不必記憶事情的來龍去脈。

＊節省記錄的時間。

＊不必因為心中有事而始終掛念著。

＊剪報、繳停車費、繳稅……等等。

策略 13：遵守規定

對於自己無法改變的事情，不必浪費時間，如：校規、公司規定、上司指示交通規則、帳單繳費等。

策略 14：減肥的效率

＊每天減 0.1 公斤，週六、日除外 (目標明確)。

＊購買電子磅秤 (可以衡量)。

＊每天早上起床上完廁所量體重 (準確衡量)；若有必要，晚上睡前亦可加量一次。

＊每天盡量「快走」(運動更佳)。

＊晚餐僅吃蔬菜、水果 (蘋果或芭樂) 及少量肉。

＊假日出去玩 (不要多睡)。

＊讓大家都知道。

＊找同伴一起減肥。

策略 15：學習電腦的效率

＊請人直接教你。

＊只學所需要的。

＊十指輸入。

＊自然輸入法 (或任何自動選字軟體)。

＊許氏鍵盤 (僅用英文字母的注音法)。

＊蒙恬筆。

六、時間管理的方法與技巧

在介紹了效率和效益的概念以及時間管理的原理原則後，這裡列了十項時間管

理的方法和技巧，供大家參考使用。

1. 今日事今日畢

要養成「今日事，今日畢」處理事情的習慣，能夠在今天做完，就不要拖到明天。同時注意事情的到期日 (due day)，要在到期日前確實完成。

2. 一石二鳥，節省時間

有些事情，你可以同時進行。像在做日常家事的時候，可以同時打開音響聽音樂；坐按摩椅時，可以同時看電視，上下班開車時同時收聽中廣新聞網。

3. 要有績效

我有時候看到那些工作時間很長卻績效不彰的人，覺得很替他們難過。一位「事倍功半」的人和一位「事半功倍」的人，他的工作績效整整差了四倍。同樣的道理，如果你賺的錢是別人的 5 倍、10 倍 (錢滾錢)，花的錢是別人的一半 (換季 on sale 打對折去買)，那麼你累積的財富才會是別人的十倍、百倍。

4. 要有時間觀念，要守時

跟別人約好時間要守時，不守時的人很令人討厭。通常在約好時間的 10 分鐘前到達最好。主持會議要準時開始，準時結束。遵守時間是對別人的時間表示尊重，也是對別人的一種尊重。

5. 要養成好的習慣，習慣成自然

每天早睡早起，三餐定時定量。養成好的運動習慣，習慣成自然，自然會有時間運動。

6. 一次做一件事情

有些事情你要專心處理，一次只做一件事情，直到把事情做完。不要東摸摸，西摸摸，事情都只做一半，一事無成。

7. 瑣碎的事情，盡量集中處理

例如在週日上午，可以一大清早到河濱公園騎腳踏車運動，迎著晨曦，呼吸新

鮮空氣，沿著基隆河單車專用道，來回 1 個小時、20 多公里，回來順路吃早餐，在傳統市場買水果，在家樂福買鮮奶。回家後澆花、清理鳥籠、拖地、洗澡。然後看報紙，同時聽輕音樂、燙衣服，……，一上午處理了十幾項瑣碎的事情。下午專心寫篇文章，同時放古典音樂，時間一點都沒有浪費。

8. 記筆記

有時候我們會忘記一些待辦事項，所以隨身帶一張空白紙，有些想法想到時就先趕快記在紙上，之後再適時做處理；要買的東西，記在紙上，到了店裡一次購足，就不會遺漏。

9. 避免干擾，選擇性說「不」

當專心處理一件事情且不希望別人打擾時，偶爾可以把門關上；一些不相干的電話，可以告訴對方在忙不方便接；不速之客造訪時，長話短說，不要花太多時間。

10. 要量力而為，能勝任愉快

筆者以前在學校教兩門課，星期三晚上、星期六下午。星期三白天上班，晚上還要教課，實在太累了。現在只教星期六下午一門課 3 個學分，可以勝任愉快。以前還在企管顧問公司兼些講座，現在都推掉了，有更多的時間可以做自己想做的事情。

在網路上有一些是生活作息上最好的時間，覺得不錯，收錄下來供大家參考如下：

1. 唸書的最佳時間

早上醒來頭腦一定會昏昏的，但去洗把臉後，就會清醒多了，這時也是頭腦最清醒的時候，而在此時唸書或是記東西都會比較容易。

2. 運動的最佳時間

在早晨的時候出去散散步是不錯的，因為早晨的空氣是最新鮮的，在散步時多呼吸些清新的空氣，不僅可以提神，對身體又很有幫助，但切記不要做劇烈的運動。

3. 吃水果的最佳時間

飯前一小時吃水果最有益，因為水果是生食，吃生食再吃熟食，體內就不會有白細胞增高的反應，有利於保護人體免疫系統，增強防病抗癌的能力。

4. 鍛鍊的最佳時間

傍晚時鍛鍊身體是最好的，因為人的各種活動都受「生理時鐘」的影響，無論是身體的適應或體力的發揮都在下午接近傍晚時分最佳。

5. 洗澡的最佳時間

晚上臨睡前，洗一次溫水澡能讓全身的肌肉和關節放鬆，有助於安然入睡。

6. 減肥的最佳時間

飯後 45 分鐘。在 20 分鐘內散步行程 1,600 公尺，最有利於減肥。如過 2 小時後再散步 20 分鐘，則減肥效果更佳。

7. 睡眠的最佳時間

午睡最好從午後一小時開始，這時身體感覺較遲鈍，很容易入睡。晚上則以 10 時至 11 時上床最佳，因為人的深睡時間一般在夜裡 12 時至凌晨 3 時，而人在睡後一個半小時進入深睡狀態。

8. 刷牙的最佳時間

應在每次進食後三分鐘內刷牙，因為飯後三分鐘，口腔內的細菌就會開始分解食物殘渣中的酸性物質，腐蝕溶解琺瑯質。

9. 護膚的最佳時間

人體皮膚的新陳代謝以夜間 12 時至凌晨 6 時最為旺盛，因此睡前護膚有促進和保護皮膚新陳代謝及保養皮膚的作用。

10. 飲茶的最佳時間

飯後立即喝茶不科學，因為飯後立即喝茶，茶葉中的鞣酸會與食物中的鐵結合成不溶的鐵鹽，降低鐵的吸收，時間長了容易誘發貧血，等飯後一小時，食物中的

鐵質已基本吸收完畢,這時喝茶就不會影響鐵的吸收了。

最後希望這些個人的經驗與方法,也能夠對你的「時間管理」有些幫助。

腦力激盪、實務精進

❶ 寫出你上班或上學每天要面對的工作事項,剖析並歸納出「輕、重、緩、急」四種類型,進而寫出各工作事項的優先排序。
❷ 寫出你居家生活每天要面對的工作事項,剖析並歸納出「輕、重、緩、急」四種類型,進而寫出各工作事項的優先排序。
❸ 分析檢討上述優先排序,寫出自己的檢討心得。

動機職能
DRIVING COMPETENCIES

Chapter 4

樂在工作
THE JOY OF WORKING

本章學習目標

藉由本課程
1. 認知樂在工作的好處與重要。
2. 學習樂在工作的技巧,建立樂在工作的能力。
3. 培養能夠提昇效益的工作態度與心理建設。

在我們完成學業，大學或研究所畢業後開始工作，到 65 歲退休，工作時間將長達三、四十年。如果經常是早上六點開車出門，到晚上七、八點鐘回到家，一天工作的時間長達 13、14 個小時，如果不能夠工作勝任愉快，那麼日子將會很難過。

社會新鮮人在剛開始進入職場的時候，可能會沒有好的理由卻老是在換工作，應徵時往往直接就被淘汰掉，而不加以考慮，所以對自己找工作一定要有充分的規劃。當你找到適合的工作，就應該穩定下來。一旦你能夠在一家公司工作個 3、5 年穩定下來以後，你應該可以在那家公司一直做到退休。

找工作時，你應該要考慮下列這些項目：

1. 產業前景佳，公司有發展。
2. 工作的性質與工作的內容。
3. 工作的環境。
4. 工作的待遇。

常聽人說：「快樂的工作，快樂的學習，快樂的生活。」能夠快樂的工作、學習，在我們人生旅途中，是非常重要的。

一、做工作的主人

找到一個合適的工作是很重要的，找一個你有興趣，也適合你的能力的工作，然後在你的工作生涯中，執著專注。工作的成就，不光是讓你的社會地位、你的財富，同時也讓你的理想能夠實現。亞里斯多德 (Aristotle) 曾說：「人生要有一個明確可行的構想，也就是一個目標；一旦訂下你的目標，就要以堅定的態度和實際的行動一步一步朝向既定目標努力。」財富與成就並不是人生的目標，而是當你努力成功後，才隨之而來的報酬。當你一切的辛勞努力都是為了改善自己和家人生活時，你會在工作中感受到更多的樂趣。

找一份你有興趣也有能力的工作，做你工作的主人，而不是為五斗米而折腰。工作沒有貴賤之分，好好工作，就是好工作。除了有興趣外，最好能夠學有專長，

同時能學以致用，選擇一份自己擅長的工作。三百六十行，行行出狀元。在僧多粥少的就業機會中，要能夠出人頭地，主要在你個人的競爭優勢。

有一次演講的時侯，一開始就以 Q&A 方式問大家：「你從工作中能得到什麼？」大家的回答非常熱烈，重要的有十二項，非常有意思，謹綜合條列如下：

1. 從工作中可以得到成就與滿足。
2. 從工作中可以得到物質上的報酬。
3. 從工作中可以得到新的知識。
4. 從工作中可以運用自己的智慧。
5. 從工作中可以得到測試自己的意志力。
6. 從工作中可以得到累積成功與失敗的經驗。
7. 從工作中可以得到服務別人與幫助別人的快樂。
8. 從工作中可以培養做人處世的能力。
9. 從工作中可以得到樂趣。
10. 從工作中可以達成目標、實現理想。
11. 從工作中可以交到許多好朋友。
12. 從工作中可以打發無聊時間。

心理學家馬斯洛 (Maslow) 將人類需要層次 (Hierachy of Human Needs) 分為下列五個：

人類需要層次	追求目標
5. 自我成就 (Self-Actualization)	成功、自我實現
4. 尊嚴 (Esteem/Status)	追求自尊、受他人尊重、社會地位
3. 歸屬感 (Social Belongingness)	追求感情、社交、合群
2. 安全感 (Safety Need)	免除危險、痛苦、憂慮、窮困
1. 生理慾望 (Physiological Need)	食、衣、住、行、性

現在將上面大家回答的十二個項目，歸類到 Maslow 的五個慾望層次時，它告

訴了我們，從工作中我們可以追求到 Maslow 所說的慾望層次。因此，樂在工作確實可以滿足我們所有的五個慾望。

接下去看看如何可以做到「樂在工作」。樂在工作激勵部屬，是成功管理人員的一個重要課題，激勵部屬樂在工作可以提高士氣，振奮部屬致力於公司目標的達成。

二、工作應有的態度

你能不能夠快樂工作，在工作上能不能夠出人頭地，得到成功，我認為下列六項工作態度是非常重要的。

1. 積極向上，樂觀進取

態度積極 (positive) 的人比態度消極 (negative) 的人工作績效好、人際關係佳。熱忱 (passion) 是會傳染的，樂觀的人會散發精力、愉悅和進取的 (aggressive) 的個人魅力，大家容易受到他的感染，對前途充滿正向的期待。

態度消極悲觀的人，總是會想像與別人相處不來、工作不順、失敗等不愉快的經驗。積極的人，像太陽，照到哪裡哪裡亮；消極的人，像月亮，初一十五不一樣。想法決定我們的生活，有什麼樣的想法，就有什麼樣的未來。

我們都聽過一則故事，一位企業家到非洲考察市場，看到窮的人打赤腳，沒有鞋子穿；悲觀的人會說：「這裡太窮了，連鞋子也買不起。」樂觀的人則說：「這裡機會太多了，市場發展商機無限。」悲觀的人只看到了問題，而樂觀的人卻看到問題後面的機會 (Pessimists see a problem behind every opportunity; Optimists see an opportunity behind every problem.)。

機會是自己創造出來的，機會等於態度樂觀進取再加上心胸開闊；西方人著重進取樂觀的態度 (aggressive and positive attitude)，中國人進退之間則是「退一步海闊天空」，比西方人更上一層樓。

進取心是一種發自內心的力量，敦促你不畏艱難，勇往直前。當你想要一樣東西，當你想做一件事情，你心中就有一股力量推動你去努力、去完成。有進取心的

人為了達成夢想，跌倒了會再爬起來，勇往直前。如果你認為你自己能、相信自己能，你會發現你真的可以做到 (You can do it.)。這種可以做到 (Can do) 的精神，正是我們最後成功的原動力。

> 控制你自己的態度，主宰你自己的命運。
> (Control your attitude and control your own destiny.)

影響你態度的，不是你的上司、不是你的工作，而是你自己。保持樂觀進取的態度，多結交積極向上的朋友，少跟悲觀消極的人為伍。不要老是怨天尤人，花太多時間在沒有意義的事情上。

2. 負責盡職，忠於職守

第二個工作的態度是要負責任 (be responsible)。一個推卸責任，不負責任的人，永遠不會成功的。

首先要做到的是對自己負責、對自己的言行負責、對自己的工作負責。能夠對自己負責，才能做到對別人負責、對家人負責、對公司負責、對社會負責。

權力與責任是相對的。在《蜘蛛人》(spider-man) 電影中片尾有一句話我記得很清楚：Greater power, greater responsibility。當你擁有權力，同時你也要負擔責任。一個不負責任的人，讓人瞧不起，沒有擔當。

林肯說過：「該負的責任，逃得了今天，逃不過明天。」西方人說：「要怎麼收穫，先怎麼栽。」東方人說：「種瓜得瓜，種豆得豆。」因果法則 (law of cause and effect) 說，種一個因，得一個果；要有幾分努力，才有幾分收穫，就是這個道理。

在工作上要勇於負責，我們在職場上看到有一些主管老是有一大堆藉口 (excuse) 說為什麼做不到；如果他們把時間多花在「做到」，而不是花太多時間在解釋「做不到」，或許他們會做得好一點。

3. 擇善固執，百折不撓

工作必須有耐力和毅力，成功是屬於堅持到底，不輕言放棄的人。很多人不能忍受失敗，失敗是一種嘗試錯誤，從失敗中學習，就像幼兒學步一樣，當幼兒跌倒

時，他的下一個念頭是要爬起來，再試一次 (one more trial)。人生的挫折是一種寶貴的經驗，工作上亦復如此；能夠堅持不懈，越挫越勇，才會成長進步，才能終於成功。當你確定你的目標，努力的方向，你要擇善固執，百折不撓，朝你的理想邁進，才有實現理想成功的一天。

4. 學習成長，培養實力

現在的工作環境就像現代科技一樣，日新月異，不斷成長。物競天擇，適者生存，我們不能像恐龍一樣，無法適應新環境。我們要不斷學習新技術，深化再教育，創新企業。

學習成長 (Learn to grow) 的方式是從嘗試錯誤中學習成長。首先要勇於嘗試新的方法、新的科技，不要食古不化，缺乏彈性；嘗試冒險 (take some risks)，求新求變。窮則變，變則通，能變通才能生存。以前沒有個人電腦 (personal computer, PC)，現在不會 PC 幾乎不能工作。我一直在外商公司工作，只會英文打字，中文打字只會「注音符號」輸入法；後來看到很多年輕人用「無蝦米」輸入法打得很快，經過學習，現在我也會使用「無蝦米」。

知識就是力量。然而知識的追求必須是選擇性的，選擇對你工作有幫助的知識，充實自己。如果你英文能力不好，學好英文是你的優先順序；如果你不會電腦，學好電腦是你的當務之急。拿破崙說：「世界上只有兩種力量，一是武力，一是智力。就長期來說，武力始終不敵智力。」李敖長於強辯，在他到北大的演講中提到「是漢武帝偉大？還是司馬遷偉大？」其實這兩個人偉大的地方在不同的領域，漢武帝文治武功，流芳百世；司馬遷完成了《史記》一書，名留千古。自古文人相輕，不過在某些觀點上，我也贊同李敖的看法，武力是一時的，文化則是永遠的。

多讀些書，當你 1.「閱讀」後，你可以從書本中得到 2.「知識」，知識慢慢成為你的 3.「智慧」，智慧漸漸轉化成你個人的 4.「修養」。讀書不是為了彰顯你的學問，而是要把你所學的知識與生活結合在一起，在生活中付諸實踐，成為有用的知識。

只有不斷學習成長，充實自己；多讀一些企管叢書，多瞭解自己行業的資訊發展，多參加教育訓練，電腦新知研習課程。機會和升遷永遠等待著那些在工作上領

先別人一步的人。

5. 自我期許，全力以赴

能夠成功的人，往往會熱切盼望並期待成功。縱使命運坎坷，也會自我期許，不改其志。海倫凱勒 (Helen Keller) 自幼聾盲，卻能以優異成績畢業。小羅斯福 (Franklin D. Roosevelt) 罹患小兒麻痺卻成為美國總統。自我期許的人，對自己的工作感到驕傲，而驕傲 (Pride) 則是由 P 代表 Pleasure、R 代表 Respect、I 代表 Improvement、D 代表 Dignity、E 代表 Effort 等五個字組成的。

五個自我要求

＊靠自己的專業，立足社會。
＊靠自己的人品，受人尊重。
＊靠自己的終身學習，不落人後。
＊靠自己的愛心，參與公益。
＊靠自己言行一致的示範，關心地球。

在工作態度上，只要我盡力而為，把事情做好。對自己抱著最高期許，對別人也多鼓勵別人、多讚美別人，盼望別人也能一展長才。不論做什麼事、擔任什麼職位，都要全力以赴，不要辜負了你的才華。職務能帶給你什麼並不重要，重要的是在職務上你能做什麼？貢獻什麼？扮演好你在工作上扮演的角色。努力工作，知福、惜福的人，才能創造幸福美滿的人生。掌握你的目標全力以赴 (Control your own destiny and do your best.)。

6. 團結合作，同舟共濟

一個人縱使聰明能幹，努力工作，如果不能夠與人合作，事業上不會有多大成就，也無法享受工作上的樂趣。合作是與他人一同工作，合作關係是相互的，互信互利。你幫助別人，別人也會幫助你。

合作要學會從對方的角度看事情，從別人的角度、別人的立場看事情，才能得到別人的認同、別人的支持。最明顯的例子是在商業談判上，當你準備說服對方時，請站在對方的立場思考，為別人設想，你才能說服別人。

chapter 4
樂在工作 THE JOY OF WORKING

如何得到別人的充分合作？

＊重視別人，表示你在意他的感受；

＊說些好話，讓對方感到與你相處 comfortable；

＊傾聽，全神貫注聽對方談話；

＊設身處地為別人著想，設法瞭解他的觀點；

＊樂於幫忙，不要太計較誰付出的比較多。

三、工作的能力與執行力

台積電張忠謀 (TSMC Morris Chang) 先生在清華大學演講時，曾提到一個領導人要具備什麼條件？他的看法是：

1. 專業技能和廣泛的基本知識
2. 終生教育的習慣，終生學習
3. 獨立思考的能力
4. 創新力
5. 與別人既競爭又合作的能力
6. 吸收與表達能力

以上六點與此前筆者曾經提出的內容作一個比較，如下表格所示。六個當中有五個基本上是一樣的，可見英雄所見略同 (Great minds think alike)，大家的看法原則上是大同小異的。

David W. S. Liu	Morris Chang
1. 專業知識	1. 專業技能和廣泛的基本知識
2. 終生學習的能力	2. 終生教育的習慣，終生學習
3. 要有好的溝通能力	3. 吸收與表達能力
4. 要有好的人際關係	4. 與別人既競爭又合作的能力
5. 要有解決問題的能力	5. 創新力
6. 獨立思考、獨立判斷的能力	6. 獨立思考的能力

21 世紀是放眼天下的時代，是電腦網路的時代，使用英文和電腦的能力非常重要，綜合以上所述，筆者提出八個在職場工作的基本能力：

- 要有專業的知識 (Professional Knowledge)。
- 要有好的溝通能力 (Good Communication Ability)。
- 要有好的人際關係 (Good Interpersonal Skill)。
- 要有解決問題的能力 (Problem Solving Capability)。
- 要有時間管理的能力 (Time Management Capability)。
- 要有個人電腦知識及英文能力 (PC Knowledge and English Capability)。
- 要有「獨立思考、獨立判斷」的能力。
- 要有終生學習的能力。

有了工作能力後，接著下來就是付諸實行 (Execution)，不經常練習，無法完美。坐而言不如起而行，我們表現最好，做得最完美的工作，就是我們經過長久訓練，瞭解得最透澈的工作。有成就的人用工作實習來磨練自己。運動員、演員、醫生、公司主管、工廠的作業員，都是一而再，再而三，一遍又一遍地練習，使他們的技藝完美無缺。所謂「熟能生巧」(Practice makes perfect)，好好的練習既有的知識能力，在不斷的練習中，你也能夠溫故而知新。

當王建民站上大聯盟最閃亮的投手板之前，王建民做過些什麼呢？不過就是練球、不斷地練球，一而再，再而三，一遍又一遍不斷的練習。到美國前 5 年，他在小聯盟忍受低薪與長途跋涉的艱苦，埋頭苦練，只為了有朝一日能夠大放光芒。前洋基總教練 Joe Torre 形容他「話不多，但是要他做的訓練從來不會打折扣。」

20 年來，王建民始終如一。即使他的球技純熟，也沒有因此散漫。王建民著名的「伸卡球」，是到了美國以後才開始苦練的，因為美國先發球員左打者居多，一度變成他投球的罩門。有很多書籍、很多課程教人快速學習的方法。然而真正成功的人怎麼說的？「除了苦練沒有捷徑」，台灣之光王建民是如此。直到今天，他仍然是那個自動提早開始自主訓練，在球場上不斷重複練習動作，從不懈怠的不斷練習。

chapter 4
樂在工作 THE JOY OF WORKING

四、樂在工作應注意事項

有一位工頭到工地去，想瞭解工人對工作的感覺如何？

他走近第一個工人問他：「你在做什麼？」工人沒好氣的回答：「你沒看到我在用粗笨的工具劈那要命的大石頭，汗流浹背，累得要死。」

工頭接著走近第二位工人，問同樣的問題：「你在做什麼？」工人回答說：「我正在敲削這些石頭，照建築師的設計，削成需要的形狀組合起來。這個工作很辛苦，但是我可以賺到工資，養家活口。」

工頭心情好了些，他又轉向第三位工人問他：「你又在做什麼？」第三位工人回答說：「你看不出來我正在建造偉大的教堂嗎？」

這就是工作的樂趣。每一份工作，都有他工作的意義，你可以痛苦的工作，你也可以愉快的工作；何不放開胸懷，愉快的工作呢？

要快樂的工作，樂在工作，以下列了十項應該注意的事項。

1. 要尊重自己

要能從工作中享受樂趣，首先要懂得尊重自己。如果不能先尊重自己的價值，也不能夠重視他人的價值。認為自己的工作和努力有價值，才能夠重視他人的價值。認為自己的工作和努力有價值，才能體會別人工作的價值。許多有成就的人都是由工作中獲得自尊，他們知道努力做好自己的工作，內心充滿快樂的滿足。

2. 早上起床，心情要愉快

樂觀是一種學習而來的態度。每天一早就開始用積極的方式思考。用你最喜歡的「音樂」開啟每一天。音樂是心靈的歌唱，在每天清晨放空心靈，憧憬美好的一天。以前我一大早就看 6 點晨間新聞，頭條新聞不是車禍死亡，就是殺人放火，看了令人心情不好的負面新聞。我現在起床，打開床頭音響，一面聽古典音樂，一面刷牙、洗臉；在上班途中，可以收聽音樂台或放自己喜歡的 CD，保持心情愉快。

3. 要有夢想

人必先有夢想，然後才有偉大成就。每一個人都有夢想、有願望，我們對夢想

的追求,才能享受工作的樂趣。

威爾遜說:「我們因有夢想而偉大,所有偉人都是夢想家。」(We grow great by dreams, all big men are dreamers.) 所有偉大的建築和偉大的宗教、藝術,都來自最初的夢想到最後的夢想成真 (Dream comes true)。在每一個工作日,花一點時間把你的夢想逐漸付諸實現。

4. 工作要有目標、有計劃

喜愛工作的人對人生都有一套周詳的計劃。他們凡事妥善計劃,才能出人頭地。善於計劃的人,知道自己努力的方向,知道自己進展的情形,也非常清楚自己的最終目標。沒有具體可行的計劃,就算是天才也無法成功。工作的樂趣始於夢想以及改善本身生活的慾望。夢想成為推動我們上進的一種力量,更成為具體努力的一個目標。要實現目標,就要有計劃,把大目標分割成許多個具體可行的小目標,按照輕重緩急逐步完成;面對挫敗時更要虛心檢討。

5. 努力工作要有成就感

不可諱言,努力工作、辛勤工作並不好玩;努力工作就是努力工作,苦差事就是苦差事。可是當你盡力完成一件工作,當你努力完成一件任務後的成就感 (sense of achievement),那是無法言喻的,今日事,今日畢,這也是我們工作樂趣的主要成分。

6. 自己的快樂要自己去創造

柏拉圖說:「能夠自己謀求幸福,而不依靠他人,便是實行快樂人生的最佳計劃。」充滿喜悅的生活,來自全權並決定自己的行為,創造自己的幸福。學習自立自強,一切靠自己,不要倚賴他人。自己的道路自己走,自己的快樂自己去創造。同時心存感恩 (think and thank),知福惜福。

7. 記取教訓,明天又是美好的一天

「人生不如意事十之八九。」即使遭遇失敗,也要用鼓勵性、肯定性的語氣與別人或自己交談。就像一場比賽,有輸有贏,比賽完了就結束了,不必太在乎輸贏。就像《飄》(Gone with the wind) 一書中,郝思嘉 (Scarlett O'hara) 說:「明天又是嶄

新的一天。」明天永遠是另一個全新的開始，成功的機會。失敗為成功之母，記取教訓，化失敗為助力。從失敗中學習，分析失敗的原因，重新擬定計劃，採取改正措施，重新再出發。

8. 要真誠的關心別人

能夠關心別人的人，才能給自己的生活如工作場所帶來樂趣。當你開始關心別人的時候，別人也會開始關心你。只要你真心關懷別人，你會發現自己周圍的人都是你工作上的朋友，他們樂於與你合作，一起共事。能夠享受工作樂趣的人才能與他的工作伙伴和樂相處，這樣工作起來才有樂趣。

9. 記得給自己、給別人一些獎勵

當你自己完成一件任務，感到滿意，當你的部屬完成你交付的任務時，給予一些肯定，給自己、給別人一些獎勵(Reward)。這獎勵可以是讚美，Good job! Well done! 也可以用一次聚餐或是一場電影，讓自己與別人留下美好的回憶。

10. 要善用你的財富

我們有時候會問自己「我辛苦工作，究竟是為什麼？」為誰辛苦，為誰忙？要享受工作樂趣，必須先明白自己工作的目的。除了工作和賺錢之外，人生還有其他的意義。有些人年薪幾百萬，非常富裕，精神上卻很貧乏。有些人每月辛苦所得僅夠溫飽，卻熱愛工作、熱愛家庭、熱愛生活。人生最好是日常所需不虞匱乏，能有一些錢，過比較舒適的生活，培養一些文化、禮儀和慈善之心。穆罕默德說：「人的真正財富是他在世上所做的善事。」錢財只有用來造福人群時，才是快樂的泉源。

財富不只是你的銀行存款，你的股票、房地產，也包括你的立身處事之道，你的家庭、你的健康、你的子女，也都是你的財富；他們都能讓你感到快樂。評價別人時，要多注重對方的品德才識，不要太在意他的貧富貴賤。要懂得善用你的財富，金錢或許買不到幸福，但是善用金錢，可以讓你既富有又快樂。

腦力激盪、實務精進

① 就本章內容，檢討你當前上學、上班的現況，寫出你自己對於「樂在工作」的體認、心得、感想和評論。

② 基於上述體認、心得、感想和評論，寫出你自己在「樂在工作」方面需要加強努力的地方。

③ 在「樂在工作」方面，你遭遇到哪些困難？要如何去克服？請寫出來。

chapter 4
樂在工作 THE JOY OF WORKING

動機職能
DRIVING COMPETENCIES

Chapter 5

改善人際關係
TO IMPROVE RELATIONSHIPS WITH OTHERS

本章學習目標

藉由本課程

1. 改變自我價值觀,讓自己更優秀。
2. 在工作職場中成為受歡迎的人。
3. 學習工作中人際溝通的技巧。
4. 懂得自我激勵及調整自己。
5. 運用自我優勢使工作產生績效。
6. 建立成功的行為模式,人際關係更加和諧。
7. 發揮個人在團隊中的向心力。
8. 發揮團隊精神,創造積極的工作關係。

人是群居的動物，我們每一天都在跟別人互動。在家庭裡，在學校裡，在社區裡，到進入社會中，在公司裡，無時無刻，都需要跟別人相處。人與人相處之間，便產生了所謂的「人際關係」。我們說某某人人際關係很好，大家都喜歡他；某某人人緣不好，大家都討厭他。人際關係的好壞，不光是影響了我們的日常生活，在社會上、公司中，人際關係的好壞往往也決定了你工作上的發展。人與人的關係是非常錯綜複雜的一個課題。在本章中，我試著從管理學的角度，來談一談認識人際關係和如何改善我們的人際關係。

美國卡內基美隆大學 (Carnegie Mellon University) 曾經針對被列入《美國名人錄》的成功人士做過一項問卷調查，請他們歸納成功的因素是什麼，結果發現有高達85%的受訪者將「良好的人際關係」列為第一位。除了努力工作，成功的人背後，通常有貴人出手相助。如何在工作上吸引貴人相助？

奇異 (GE) 前總裁傑克・威爾許 (Jack Welch) 曾經是最具聲望的商業領袖。他領導奇異的 20 年中，將這隻「大象」做了徹底的改造，不但讓奇異股價翻漲 30 倍，更讓它成為全球最受尊崇的企業。威爾許也因此被《財星》(Fortune) 雜誌稱為「20世紀最佳經理人」。

不過，令人訝異的是，精明幹練、自信過人的威爾許，卻認為他輝煌的事業成就，有很大一部分要歸功於在工作生涯中遇到的貴人。「貴人似乎總會在我的身旁出現，扶持我、鼓勵我。」威爾許在他的自傳中這麼說。威爾許是有貴人相助，威爾許剛剛進入奇異工作時，曾經因為奇異的小氣作風與加薪問題而遞出辭呈，但當時威爾許的上司魯本・賈多福 (Reuben Gutoff) 相當賞識他，邀請他共進晚餐來加以挽留。席間賈多福答應為威爾許提高加薪幅度，更重要的是，願意支持他不受官僚體制的影響。賈多福的心意讓威爾許大受感動，因此決定繼續為奇異效力。

在《第三意見》(The Third Opinion) 一書裡，作者賽・妮可・喬妮 (Sag Nicole A. Joni) 就指出，現代的企業主管要能懂得找尋適當的專家、顧問或導師，和他們建立情誼，並善用這些人的智慧和協助，「領導需要資源，經過充分發展而完整的人際關係，無疑是威力強大的領導資源。」喬妮分析。但要擁有貴人，其實不需要被動等待，可以主動去尋找、去創造、去經營。

知名企業顧問理查・柯克 (Richard Koch) 在他的暢銷書《80/20 法則》(The

80/20 Principle)中建議讀者，可以試著模擬一份「盟友名單」。「這些人是你需要重視的人，是你最重要的人際關係。」柯克指出，擬出盟友名單後，要設法和他們建立五種屬性的關係：「喜歡對方」、「互相尊重」、「分享經驗」、「有福同享」、「互相信賴」。當這些關係建立了，這些盟友就成為你的潛在貴人，「他們能適時地提供你所需的幫助，與你一起謀求共同利益。」

所以，每個人在職場中是否能有貴人相助，其實最大的決定因素就是自己的努力。由此可見，獨來獨往、單打獨鬥只會讓自己舉步維艱，能夠獲得他人的協助才是成功的重要關鍵。所以請記住，懂得佈建你正面的人際關係，並借重貴人的經驗、力量，絕對可以讓自己的視野、成就更上一層樓！

一、人際關係網狀圖

首先請先檢視一下你的人際關係。通常，從個人的人際關係可以畫出一張人際關係現況圖。以個人為中心，發展出來的人際關係，大約整理歸納如下：

1. 從學校，小學、中學、大學、研究所的同學，到畢業後的校友會、系友會，軍中袍澤等。還有在學術界、大學商學院、管理學院、學術團體、管科會、企經會等等發展出來的關係。
2. 在企業界，從你服務的公司發展出來的同事，與經銷商的關係；與供應商、協力廠商的關係；與客戶關係、媒體關係、政府關係、金融機構等等發展出來的關係。
3. 從你個人、家庭，發展出來的社區關係；你的鄰居；你生活中常光顧的餐廳、商店、理髮廳、銀行、郵局、券商；以及食、衣、住、行、育、樂等等發展出來的關係。

下面這個圖可以參考一下。

Systems of Developed External Relations

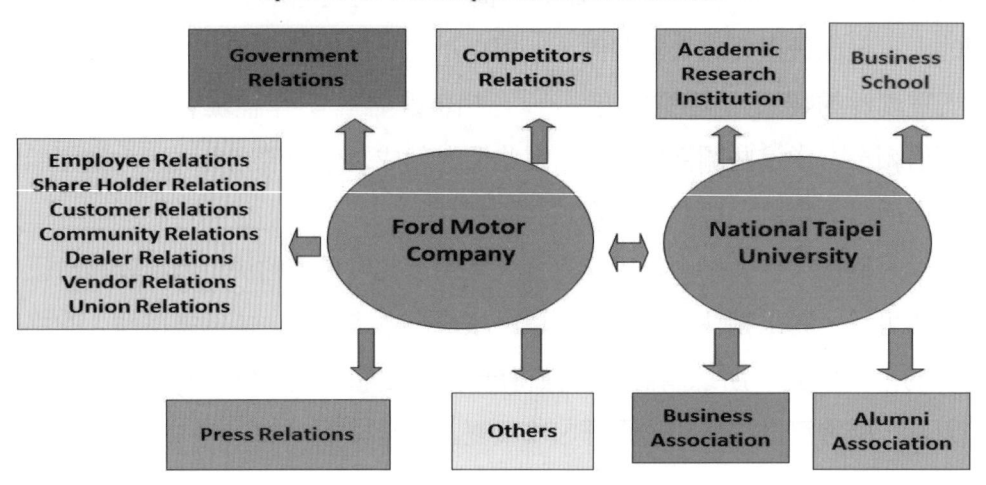

```
                    Government    Competitors    Academic        Business
                    Relations     Relations      Research        School
                                                 Institution
                         ↑            ↑              ↑              ↑
Employee Relations
Share Holder Relations
Customer Relations      ┌─────────────┐         ┌─────────────┐
Community Relations  ←  │ Ford Motor  │   ↔     │National Taipei│
Dealer Relations        │  Company    │         │  University  │
Vendor Relations        └─────────────┘         └─────────────┘
Union Relations
                         ↓            ↓              ↓              ↓
                    Press          Others         Business       Alumni
                    Relations                     Association    Association
```

　　慢慢的可以累積了產、官、學，產業界、學術界、政府官員等一些關係。TVBS 前總經理李濤說：很可惜我都沒有好好運用這些已經建立的人際關係。我對從政也沒有興趣，大家只是交個朋友，也不會有什麼利害關係。這些你平時在學校中、在公司中、在日常生活中，慢慢累積下來的人際關係，也可以從名片簿的名片去整理歸類。

　　記得有一位民意代表曾經提到他會把對方的主要的特徵或特別值得注意的事，簡單扼要的記在名片上，而他的人脈、他的人際關係也是他主要的政治資產。你也可以把對方名片上的 e-mail address 記錄在你的名單上，保持聯繫。

二、管理你的人際關係和友誼

　　在我們日常生活中，你能不能和別人好好相處，是影響你是否成功很重要的一個因素。尤其是作為一位管理人員，他的主要職責在帶領大家，跟大家在一起，透過別人把工作做好 (get the thing done through other people)。這在在需要與別人打交道、跟別人相處的能力。在建立良好的人際關係上，首先要認識自己，瞭解自己，1. Know yourself; 再要求認識別人，瞭解別人，2. Know your friends, know your colleagues, know other people。

　　目前在外商公司有一套 360 Degree Development Survey，這種個人發展調查是一

個很好認識自己的方法。由你的主管 (your direct supervisor)、你的部屬 (your direct report)，和你其他部門的同事 (your colleagues)，以不具名的方式，對你個人的優缺點提出建言。除了說出你做得好的地方以外，也會說出你做得不好，有待改善的地方。這個調查包括了你的上司、你的部屬，還有你跟同事的關係。從別人的意見中，你知道別人對你的看法是怎樣，可以幫助你瞭解你自己，加以改進。

金氏世界記錄〈銷售〉保持人喬吉拉德曾說過，每個人都有 250 位朋友，他們分別出現在兩種場合：一個是你的婚禮；一個是喪禮，而這些朋友有 80% 是對你毫無幫助，他們通常不會給你正面、積極的影響，當你渴望有任何作為的時候，他們通常會潑你冷水，告訴你種種的壞處和各種失敗的可能。有 20% 的朋友，他們是屬於較積極的，會給你正面的影響，而只有 5% 的朋友則會幫助你，重大改變你的一生！

所以，你對朋友們不該一視同仁，你應該花 80% 的時間跟那些會重大影響你一生的那些只佔 5% 的朋友在一起。

三、要有好的朋友

伍思凱有一首歌叫《分享》，有一段歌詞是「與你分享的快樂，勝過獨自擁有至今我仍深深感動……」，請問你的朋友究竟都「分享」些什麼給你呢？他們的「分享」對你造成什麼樣的影響？你是否深刻的感受到我們的命運掌控在朋友的手裡？你又分享些什麼給你的朋友？有 5% 的朋友會幫助你，重大改變你的一生，花點時間認真找出你的貴人，然後跟緊他。

我們是非常容易受朋友影響的，朋友總是會影響我們「看什麼樣的書」、「去哪裡旅遊」、「買什麼樣牌子的音響」、「是去打高爾夫球、打橋牌或打麻將」、「做什麼樣的工作」、「買什麼樣的車，以及跟誰買車」、「介紹其他的朋友互相認識」、「一個月該賺多少錢」、「做什麼樣的生涯規劃」、「進行何種投資理財」、「參加什麼樣的團體或活動」、「做什麼生意或參加標會」。

朋友會直接且深刻的影響你，影響你上進，也可以影響你墮落，很多事都是：

＊為什麼會合夥創業？因為朋友的影響。

＊為什麼會去飆車？因為朋友的影響。

＊為什麼會去打麻將？因為朋友的影響。

＊為什麼要愛喝酒？因為朋友的影響。

＊為什麼會有這種或那種習慣？因為朋友的影響。

子曰：「益者三友，損者三友：友直，友諒 (1)，友多聞，益矣；友便辟 (2)，友善柔 (3)，友便佞 (4)，損矣。」《論語・季氏第十六》

【註釋】

(1) 諒：誠信。

(2) 便辟：習於威儀而不直。

(3) 善柔：善於和顏悅色騙人，缺乏誠信。

(4) 便佞：慣於花言巧語而無聞見之實。

孔子說：「有益的朋友有三種，有害的朋友有三種：和正直的人交友，和誠信的人交友，和見聞廣博的人交友，這便是有益的。和慣於逢迎的人交朋友，和工於阿諛奉承的人交朋友，和花言巧語的人交朋友，便有害了。」益者三友，損者三友此章簡明扼要的說明擇友宜慎辨益、損。所謂「獨學而無友，則孤陋而寡聞。」強調了朋友在人生學習路上的重要性。但若是結交到所謂「損友」，凡事以利益為考慮前提，所言所行，違背「仁義」，這樣的朋友便無益於在彼此的學業、道德共同精進，是故擇友的當下一定要清醒理智明辨善惡。反過來說，如何成為別人心目中的「益友」，文中所提之「友直」、「友諒」、「友多聞」亦是值得自我檢視的參考。

暢銷書作者湯姆・雷思 (Tom Rath) 出版《人生一定要有的八個朋友》(Vital Friends: The People You Can't Afford to Live Without)。每個人應該想自己有沒有「不可或缺的朋友」(Vital Friends)，這種朋友是：明顯改善你生活的人；在你的工作上或私生活中不可缺少的。書中提到人生中，一定要有八種朋友的類型。

1. 推手 (Builder)

推手擅長鼓勵，總是會把你推向終點。他們會持續投資在你身上，好讓你有所

發展,同時真心希望你能成功,即使必須為你承擔風險。推手會慷慨地貢獻自己的時間,協助你找到自己的優點,同時有效利用這些優點;從不嫉妒你或成為你的競爭對手,總是鼓舞你、為你歡呼。

2. 支柱 (Champion)

總是和你站在同一陣線、支持你的信念。他們是會讚美你的朋友。這會讓你的生活每天都變得不同。他們不只在你面前稱讚你,也會在你背後撐腰,就算你不在場,也會挺身而出為你仗義執言。支柱是你的最佳擁護者,當你成功時,他們會為你感到驕傲,而且會與其他人分享。

3. 同好 (Collaborator)

是與你興趣相近的朋友,也是眾多親密友誼的基礎。你們可能對運動、嗜好、信仰、工作、政治、食物、電影、音樂或書籍有相同喜好。這樣的特殊情誼讓你們成為一輩子的朋友,你會非常喜歡和他們一起消磨時光。

4. 伙伴 (Companion)

不論情況如何,當你有需要的時候,他們總是會站在你身邊。你們之間的情感聯繫牢不可破。當你生命中發生重大事件時,他們都會是你第一個想聯絡的人。伙伴會把你們之間的關係引以為傲,而且會願意犧牲自己的利益來幫助你。他們幾乎是可以讓你以性命相託的朋友。

5. 中介 (Connector)

你想要的東西,他們就是有辦法幫你搭起橋樑。這樣的朋友一旦知道你要什麼,總能馬上張開聯絡網,找到一些和你有相同興趣或目標的人;他們能快速地擴大你的人際網絡,讓你直接通往取得新資源的管道。如果你需要工作、醫生、朋友或約會對象,打電話給這樣的朋友就對了。

6. 開心果 (Energizer)

他們總是有辦法讓你精神大振、心情大好。和他們相處時,你的生活會充滿了積極感。當你心情跌至谷底時,開心果可以很快地讓你恢復正常,有本事讓你有好

心情或錦上添花。當你需要一個笑容、想要大笑時或放鬆一下時，千萬記得要找他們。

7. 開路者 (Mind Opener)

可以拓展你的視野、鼓勵你接受新觀念、想法、機會、文化與人們。幫助你拓展個人眼界，創造無數正面的變化。他們是一群挑戰傳統智慧的朋友，面對難題時，為你提供具創意的解決方案；同時，不斷地刺激、激勵你，大膽表達一些你從不敢在別人面前說出的想法與意見。

8. 導師 (Navigator)

他們可以給你建議並指引方向。當你需要指引或諮詢時，就會去找他們。他們善於聆聽、整理、分析你心理所想的。他們會讓你瞭解自己擁有或缺少什麼能力。你可以和他們分享目標和夢想，並一針見血地幫你點出達成夢想與目標的方法與途徑。遇到可以相信的朋友時，要好好和他相處下去，因為在人的一生中，知己是可遇而不可求的。

四、四種不同的人際風格

在波爾頓 (Robert Bolton) 的《人際風格與管理藝術》一書中，從管理學的角度，把一般人劃分成四種不同的人際風格。

1. 分析型人際風格 (Analytical Social Style)

分析型的人較能控制自己的情緒，但果斷力較弱。他們喜歡按部就班，深思熟慮，他們會蒐集許多資料，加以評估。一般來說，這類型的人大都是勤奮、客觀、組織力很強的工作者。做事比較一絲不苟，謹慎小心。成功人物有愛因斯坦 (Albert Einstein)、威爾遜總統 (Woodrow Wilson)……等等。

2. 平易型的人際風格 (Amiable Social Style)

平易型的人，對事情的反應比一般人強，但行事果斷力較差。在解決人與人間的問題，最能將心比心，設身處地為別人著想。平易型的人，態度比較合作，善於

外交。成功人物有鄉村歌手 John Denver、艾森豪總統 (Dwight Eisenhower)……等等。

3. 表現型的人際關係 (Expressive Social Style)

表現型的人，果斷力強而且擅於表達自己。他們喜好以即興式的行為模式來提振士氣。他們也擅長以未來的遠景，誘惑人、說服人。成功人物有畢卡索 (Pabto Picasso)、前英國首相邱吉爾 (Winston Churchill)……等等。

4. 駕馭型的人際關係 (Driver Social Style)

駕馭型的人，非常清楚自己的目標和方向，他們能很快地抓住重點，是很典型的講求實際、果斷、追求成果的人。成功人物有汽車大王亨利‧福特 (Henry Ford)、電視主持人芭芭拉‧華特絲 (Barbara Waters)……等等。

一個有效率的組織，需要所有這四種不同風格的管理人才。管理大師彼得‧杜拉克 (Peter Drucker) 說：「分析型的人是動腦筋的人 (thought man)，駕馭型的人是採取行動的人 (action man)，平易型的人是協調的人 (people man)，表現型的人是打前鋒的人 (front man)。」

而每一種風格都有它的優點，也有它的缺點。分析型的人優點是推理能力強，按部就班，過分強調時便會雞蛋裡挑骨頭，不知變通；平易型的人優點是支持別人，隨和，過分強調時則會遷就縱容，有求必應；表現型的人優點是熱忱，想像力豐富，缺點則會好高騖遠，不切實際；至於駕馭型的人，優點是果決客觀，講求效率，缺點則會專斷跋扈，冷酷無情。

認識自己，瞭解別人，可以從加強自我認知和自我管理做起。而要改善人際關係，應該先從自我要求、自我改進做起，再確認別人可能的人際風格，做到「知己知彼」的工夫。有了這些認識後，你便可以調整你的溝通方式，你可以預測你與別人相處時，有哪些會使雙方面都覺得愉快，欣然接受。而哪些情況你可能與對方針鋒相對，產生衝突。因此能夠瞭解自己和別人人際風格上的差異，而適時的調整你自己與別人相處的方式，使雙方覺得自在愉快，增進改善你的人際關係。

五、與人相處的一些基本原則

儘管我們可以知己知彼，採取一些因人而異的相處方式，但是有一些與人相處的基本原則要始終如一，有一致性。如果你背離了這些基本原則，縱使你八面玲瓏，面面俱到，還是很難取得別人的信任。這些基本原則有「誠信」、「相互尊重」、「己所不欲，勿施於人」、「以身作則，表裡如一」。

1. 誠信原則

首先要誠實，Honesty is the best policy，當對方覺得你不誠實，當別人覺得被你欺騙的時候，別人對你是不信任的。還要有信用 (credibility)，人無信不立。一個人沒有了信用，當別人認為你沒有信用，就再也沒有人會相信你了。

2. 要彼此互相尊重

你尊重別人，別人也會尊重你；你不尊重別人，別人也不會尊重你。人必自侮而後人侮之。

3. 己所不欲，勿施於人

禮尚往來，the feeling is mutual。你自己不想要的，不要強求到別人身上。

4. 以身作則，表裡如一

要先自我要求，才能要求別人。不要說的是一套，做的又是一套，自己打自己嘴巴。

5. 幫助別人，助人為快樂之本

幫助別人有四點好處：(1) EQ 提昇；(2) 增進人際互動；(3) 更知足惜福；(4) 自我肯定更高。幫助別人是累積人脈、累積幸福健康的資本。

6. 不要去人比人

人比人，氣死人，比上不足，比下有餘。不要為比上不足而氣憤，要為比下有餘而感激。

7. 懂得分享

當你擁有了之後，是不是能夠跟別人分享呢？「好東西要跟大家分享」，把它分享給你四周的人；這樣，美好的事物才能夠散播開來。

六、六種讓別人喜歡你的方法

卡內基 (Dale Carnegie) 在《如何贏取友誼與影響他人》(How to win friends and influence people) 一書中，提出了六種使人別人喜歡你的方法，這是最典型的改善人際關係的方法：

＊真誠的關心別人。
＊經常微笑。
＊記住別人的名字。
＊聆聽，鼓勵別人多談他自己的事。
＊談論他人感興趣的話題。
＊衷心的讓別人覺得他很重要。

這六項都是很簡單的道理，知易行難，捫心自問，你是否能夠做到這些事情呢？蕭伯納曾說：「如果你想教別人一些東西，那麼他永遠也學不來。」不錯，學習是一種活動的過程，只有「做」才能學得來。坐而言，不如起而行。只有用過的知識才會牢記在心裡。

還有身為一個管理者，一定要顧及他人的面子，避免爭辯的方式，不要直接對別人說你錯了，可以以間接的方式指出他人的錯誤，來協助部屬改進缺點。在人事管理上講獎懲進退，無論升遷、降級、獎勵、懲處，很重要的一個考核標準就是「考績」。在很多機構，考績評等有配額，打考績往往流於形式，而不能真正的評定一個人的表現優劣。其實打考績除了評定績效好壞外，在管理上更重要的意義是如何把缺點加以改進，提昇工作績效。

人往往有一種惰性，尤其在一個單位待久了，往往成為老油條，所謂「江山易改，本性難移」，以前的缺點，現在還是缺點。現在的缺點，以後還是缺點；我行

我素，不知改進。我們發覺一個公司提出來改善提案好像老是跟以前差不多，而公文批示也往往是「仍有待改善」(still very much in the process of improvement)，至於是否真的有改善則不得而知。以下介紹的是一個利用考績面談來改善缺失的例子。

在考績面談時，我們有幾種做法，我們也可以很鄉愿的只談一些部屬喜歡聽的表現好的地方，或者軟硬兼施的講出他的優缺點，說出他好的地方，也說出他不好的地方；或者採取比較開明的作風，交換一下他的意見，也聽聽他的看法。但是這些都不是很好的方法，因為往往你開始批評他的缺點時，他能不能夠接受你的批評還是未定之數。一個比較好的方法是「讓他自己說出他自己的缺點」，用他的嘴說出你想要講的話，然後要求他改進他自己認為的缺點，自然會比較順利。

要怎麼讓他自己說出自己的缺點呢？

在採取這一種溝通方式時，態度要友善，就像跟老朋友在談天一樣，要以對方的角度去考慮，真誠的去關心他，他才會把你當作知己，坦誠的說出自己的缺失，一開始的時候不妨說些他做得好的地方(要說他真正做得好的地方)，讓他自己談他得意的事情，然後很技巧的讓他自己慢慢的轉到做得不太好，或者是可以做得更好的地方，只要你真誠的、誠心誠意的去溝通，往往會有意想不到的收穫。讓他說出他自己的缺點只是第一步，以後如何在日常工作中幫助他改進他的缺點才是真正的目的。現在你也想想你自己的缺點，你有沒有看出你的缺點怎樣限制了你的發展和表現，你能不能誠實的說出你自己的缺點？同時改進你自己的缺點呢？

七、改善人際關係的注意事項

1. 贏得好的印象分數

想要有貴人緣，先要有人緣，初次見面投不投緣，也就是所謂的第一印象非常重要！心理學研究發現，兩人初次會面，四十五秒鐘內眼神交流，已經在對方腦內留下七成印象分數。

2. 談吐禮貌有內涵

前《經濟日報》副刊版主任王家英常常專訪大企業家，他強調要取得他們的信

任，關鍵就是舉止要有禮貌，並懂得抱持著同理心，站在對方立場設想，更要尊重別人的意願。

3. 增加被利用價值

人際關係是「給跟取」，文字寫作、口頭表達、領導等能力，最是一目了然，更是升官必備能力。要讓自己像發光體，照亮別人，貴人才容易找到你。西方諺語有云："Birds of a feather, flock together."；孟母懂得三遷，《論語》裡的友直、友諒、友多聞，講的都是同一件事，物以類聚，要跟「對的人」在一起。

4. 描繪人脈拼圖長期經營

業務員都知道，拚業績要靠「三同」：同業、同事、同學；加入團體是累積人脈最快的方法，出社會之後，加入對的社團，也等於多開了一條讓貴人找到你的捷徑。公私領域的人脈都要兼顧，大家都說人一定要有很親近的三師(醫師、律師、會計師)友人。

5. 真心誠意最能感動對方

真心才會感動人；站在別人的立場思考，將心比心，很容易就會變成一個好相處的人。簡訊管理，過年過節傳遞簡訊是基本功，每次他參加演講或錄影後，除了會檢討自己的表現，還會在演講結束後傳簡訊給主辦單位——「若有意見都歡迎您的指教，也謝謝您的邀請。」

6. 貼心關懷勝過昂貴大禮

人是情感的動物，只要用心，別人就會感動；貼心的舉動或小禮物往往比昂貴大禮更得人心。貼心得靠用心，法樂琪主廚張振民只有初中畢業，但認識的政商名流卻比許多部長還多，他投入許多心力做功課寫筆記，顧客用餐習慣、愛吃什麼、有哪些過敏食材，他都記得清清楚楚；例如有位企業家到法樂琪慶祝結婚十五周年，他拿出當年的婚宴菜單，就讓對方感動不已。

7. 錦上添花不如雪中送炭

台塑創辦人之一的王永在出了名愛打球，長庚球場上政商名流齊聚，但除了當

chapter 5
改善人際關係 TO IMPROVE RELATIONSHIPS WITH OTHERS

今檯面上的人物，許多已經下台或卸任的政務官，王永在一樣會寄發邀請函，請對方來聚餐或比賽，同樣給予貴賓級的優待。

8. 勿得罪小人、狐假虎威

人脈人脈，一個人背後代表一群人；金氏世界紀錄〈銷售〉保持人喬吉拉德就說：每個人都有二百五十位朋友，得罪一個人，可能等於多了二百五十位敵人，明槍易躲、暗箭難防。簡單一句話，就是盡量與人為善，微笑掛臉上，套句胡雪巖的名言：「於人無損的現成好撿，得罪一個人要想補救卻不大容易。」

最後希望上面談到的這些原理原則、方法，能夠真的改善你的人際關係，也能夠讓別人更喜歡你。

腦力激盪、實務精進

❶ 就本章內容，檢討你當前人際關係的現況，寫出你自己的體認、心得、感想和評論。

❷ 基於上述體認、心得、感想和評論，寫出你自己在人際關係方面需要加強努力的地方。

❸ 在人際關係上，你遭遇到哪些困難？要如何去克服？請寫出來。

Chapter 6

情緒管理
EQ MANAGEMENT

本章學習目標

藉由本課程
1. 瞭解情緒與情緒管理的重要性。
2. 建立情緒管理的能力，幫你的工作加分。
3. 學習自我改善調整情緒的技巧。
4. 認識負面情緒的處理方法。
5. 培養逆境管理的能力。

能力不好，不一定會成功，但是情緒管理不好，一定不會成功。當我們把情緒毫無保留地發洩在我們周遭的人身上，那種和諧的關係無形中就被破壞掉了，就好像是被打破的水晶杯子一般，就算接合後也會有裂縫。所以我們一定要小心翼翼地處理自己的情緒。

一、為什麼溝通不良？

為什麼會溝通不良？什麼原因造成溝通不良？

我們一輩子都在溝通，在家裡跟家人溝通、在公司跟同事溝通、平時跟朋友溝通……。我們說做人處事，做人和處事都需要與別人溝通。當你的意見與別人不一樣的時候，你就像在辯論；當你的意見與別人一樣的時候，你又像在演講。

溝通過程出差錯的機會多得不勝枚舉，請對方重複一遍你說的話，是減少錯誤的好辦法。

二、瞭解情緒

要談情緒管理，首先我們要瞭解一下什麼是情緒？

所謂情緒 (Emotion)，通常是指由外來的刺激所引起的人體生理反應，這些應是一種紛亂、激動、興奮和緊張的狀態，例如生理的變化有心跳、內分泌腺素的增減、臉部表情等。情緒可以說是理智的反面，太過於情緒化，很容易使一個人的思考和判斷產生偏差或錯誤。要知道，認知的歷程就是個體對所處情境的知覺、解釋和處理。而且文化會造成影響，不同的文化會影響到一個人的情緒表達方式。

什麼是情緒管理？

情緒管理就是指一個人在情緒方面的管理能力。情緒管理的能力也稱為情緒智商 (Emotional Quotient, EQ)，它對人的一生有深遠的影響。

複製好心情

早晨去逛傳統市場，都可以製造一些快樂給賣菜的老闆們。例如買了 43 元的

菜，拿 50 元給老闆，說道：「老闆，43 元算 45 元，找我 5 元就好了。」這些老闆們大致上會有四種反應：

第一種：起初很驚訝，然後很開心地找了 5 元，說謝謝。
第二種：老闆堅持找 7 元，不佔便宜，但老闆很開心。
第三種：是很開心地找了 5 元，又多送點蔥蒜或生薑，也很開心。
第四種：是最高竿的反應，「不然我幫你湊足 50 元的菜好了，多加一點，一共是 52 元，就算你 50 元。」真是會善用好心情！

因此：

1. 賺到了好心情；
2. 賺到了老闆的笑容；
3. 賺到了老闆的謝意；
4. 賺到了老闆的友誼；
5. 賺到了生薑或蔥蒜；
6. 也賺到了愉快的晚餐。

什麼是好的情緒管理能力？

通常 EQ 高手的特質有良好的內在修養、均衡的處世態度、真誠待人、幽默、熱忱等。EQ 高手的技能表列如下：

EQ 管理技能	溝通技能
1. 且慢發作	1. 良好溝通
2. 紓解壓力	2. 積極傾聽
3. 面對逆境	3. 幽默
4. 面對心情低潮	4. 拒絕的藝術
5. 包容力	5. 讚美

IQ vs. EQ

——人生的成就，至多只有 20% 歸諸 IQ，80% 則受其他因素的影響。

──能力好，不一定會成功，但是情緒管理不好，一定不會成功。

史丹佛研究中心：你賺的錢 12.5% 來自知識，87.5% 來自關係。
被解僱的員工：95% 因人際關係差勁，5% 因技術能力低落。
羅斯福說：成功公式中，最重要的一項因素是與人相處。
洛克斐勒說：我付高薪給處理人際關係的能力，遠超過日光之下任何其他能力。

情緒的呈現程度與處理能力

情緒的呈現程度：一個人內在的情緒表現在外 (表情、聲音、動作、脾氣) 的程度，一個情緒呈現程度很顯性的人，是喜怒形於色；反之，則都看不出他在想什麼。

情緒處理能力：一個人如何面對其內在的情緒起伏，並且如何管理這些情緒，隨著時間增長及人生歷練的增加，情緒控制能力亦會隨之而改善。

負面情緒

每個人有一個正面的我和一個負面的我。負面情緒，會跟著你走，不要跟它成為敵人。我們都有負面情緒，無論它來自何方。當你感覺很不好時，希望你找回自己最原始的目標，從而放下一切根本不必要的負面情緒。不要生氣，生氣有用嗎？生氣不會對彼此有任何幫助。最後，生氣不會傷害別人，只會傷害你自己。

> 有一天，東坡居士的靈感來了，隨即寫了一首自許為不朽的五言詩偈：「稽首天中天，毫光照大千；八風吹不動，端坐紫金蓮。」
>
> 他再三吟詠，感到非常得意，認為這首頗具修持工夫的創作，如果讓佛印禪師看到，一定會讚不絕口，於是趕緊派書僮過江，專程送給佛印禪師欣賞印證。誰知佛印禪師看後，不禁莞爾而笑，略一沉吟，只批了「放屁」兩個字，便交給書僮原封不動的帶回。蘇東坡大怒，……。佛印禪師不禁哈哈大笑道：「我的大學士！你不是自誇『八風吹不動』嗎？怎麼一個『屁』字就把你打過江來了呢？」

動機職能
DRIVING COMPETENCIES

何謂「八風」呢？

所謂八風，就是我們日常生活中經常所遭遇到的八種境界的風，它們的名稱是：「稱、譏、毀、譽、利、衰、苦、樂。」這八種風，對我們的身心領域損害太大了！

1. 稱：每逢人家「稱讚」我們的時候，總不免感到滿懷的歡喜。
2. 譏：每當人家「責罵」我們的時候，總令我們感到無限羞辱。
3. 毀：一旦知道有人「說我壞話」就忍受不了，甚至心存報復。
4. 譽：當人家「褒獎」我們，認為是一種榮譽，不覺沾沾自喜。
5. 利：當我們的事業成功「順利通達」，自然令我們感到滿足。
6. 衰：當我們的「事業衰敗」，難免不使我們感到萬分的頹喪。
7. 苦：當種種煩惱逼迫我們身心難以承受，深感人生為一大苦。
8. 樂：當我們的身心非常適意，總認為那是人生最快樂的享受。

重要的不是發生了什麼事，而是我們處理它的方法和態度。當我們拿花送給別人時，首先聞到花香的是我們自己；當我們抓起泥巴想拋向別人時，首先弄髒的也是我們自己的手。一句溫暖的話，就像往別人的身上灑香水，自己也會沾到兩、三滴。因此，要時時心存好意、口說好話、身行好事，惜緣種福。因此，即便是曾經一度使我們難以承受的痛苦磨難，也不會是完全沒有價值；它可以使我們的意志更堅定，思想人格更成熟。因此，當困難與挫折來臨，應平靜面對，樂觀的處理，不要在人我是非中彼此摩擦。

三、情緒管理的技巧

情緒管理是可以藉由後天的學習跟管理來改善的

如果善於處理情緒的能量，EQ 將得到極大的改進；氣在頭上，火上加油，越炒越熱。一根火柴賣一塊錢，卻可以摧毀一棟一千萬的房子。要修養被尊重的人格需經長時間被信任，但人格破產只需要做錯一件事情。關係破裂，任何歉意都無法彌補傷口，好像用釘子釘柳樹，拔除釘子後傷口仍存在。

對策：且慢發作

感覺的蔓延速度比理性思考的速度快很多，對策就是將感覺速度放慢。

在口不擇言，拍桌子大罵，甚至甩門離去前，從心裡從十倒數，深呼吸，讓自己冷靜下來。

公式：情緒自覺 ➡ 情緒延緩 ➡ 後果評估 ➡ 導正情緒

工作是一連串壓力的組合，壓力來自於無法掌控的未來。要求完美的性格是 A 型性格，要求快速效率，會比較容易產生高壓(壓力來自於自己)。越是看重勝負成敗，越是有壓力。越是為它煩憂，憂愁未來，煩惱越多。

消極對策：紓解壓力

- 自我接納、自我肯定。
- 放輕鬆，如深呼吸動作。
- 適當的休息可以讓你更有充沛的活力去面對壓力。
- 健康與均衡的身心生活，幫助你面對壓力。
- 養成運動的好習慣。
- 用心聆聽音樂。
- 祈求心靈的平靜，如：禱告、接近宗教。

積極對策：面對壓力

面對逆境：泥土或星星

有一個美國年輕軍官接到調動命令，人事令上將他調派到一處接近沙漠邊緣的基地。新婚的妻子跟著他離開都會生活前往。該地夏天酷熱難耐，風沙多且早晚溫差變化大，更糟的是部落中的印地安人都不懂英語，連日常的溝通交流都有問題。過了幾個月，妻子實在是無法忍受這樣的生活，於是寫信給她的母親，除了訴說生活的艱苦難熬外，信末還說她準備回去繁華的都市生活。她的母親回信跟她說：「有兩個囚犯，他們住同一間牢房，往同一個窗外看，一個看到的是泥巴，另一個則看到星星。」

此後她改變了生活態度，積極走進印地安人的生活裡，學習他們的編織和燒陶，並迷上了印地安文化。她還認真的研讀許多關於星象天文的書籍，幾年後出版了幾本關於星星的研究書籍，成了星象天文方面的專家。

如何解決現代焦慮？

要解決現代人的煩惱、焦慮，需要改變我們面對壓力的方式。減輕垃圾負載，對於這些人來講，鄭石岩教授並不主張馬上把他們原來的主題負載減少，要減少的是他們的垃圾負載。

根據這個壓力公式來分析，鄭石岩教授開了三個處方：

第一個處方是運動。因為運動可以刺激腦下垂體分泌腦內啡，使人的心情變好。

第二個處方是盡量表現出開心的樣子。每天進辦公室前，就深深吸一口氣，感覺自己的胸口鬆開，把眉毛揚一揚，很高興，振作起來，再走進辦公室，並且要記得跟人打招呼。鄭石岩解釋，一旦你經常這樣做，行為影響情緒，人真的會變得比較快樂。

第三個處方是「笑」。因為笑的時候可以產生內臟按摩，而且笑的時候通常都會深呼吸，也會刺激身體產生令人舒服、愉快的分泌物。

四、善用五大 EQ，笑看人生

當遇到不愉快的事情或不幸事件時，要學習自我擺脫，自我緩解，去除不良心理情緒，可提供下列五大方法進行 EQ 的舒暢快樂。

1. 宣洩法

向瞭解自己的老朋友或老伴訴說，將心中鬱悶情緒宣洩出來，必會減輕壓抑，鬆弛情緒，找到新的平衡，對方應正確地開導，客觀分析，盡量化解矛盾，寬慰病人，幫助病人從憂鬱中解脫，切記不可火上加油。

2. 轉移法

脫離不愉悅的環境，外出旅遊，接觸大自然美景，心曠神怡，心胸開闊，忘掉痛苦。

3. 回升法

以良好的家庭信仰、堅強的意志來克服不良情緒，遇有不愉快的事，用理智來克制自己，樂觀看待人生，凡事一分為二，讓壞事變好事，在任何困難面前，想得通、看得開、放得下。

4. 自我安慰，自我暗示

在發生不良心理情緒時，要借助自己內心的語言，反覆提醒暗示自己，以健康的心理情緒抑制不良心理情緒的發生、發展。遇有生氣的事情，暗示自己「要冷靜」、「不要衝動」；剛退休時，反覆提醒自己「這是自然規律」、「我退下來有利於下一代社會發展」；生病時，反覆暗示「我能戰勝疾病」、「我一定能恢復健康」。

5. 建立心理防禦功能

以選擇性忽視法，即故意不去回憶以往自己受過的挫折、痛苦及羞辱，以免引起不良心理情緒反應；加強選擇性重視，即特別重視自己的優點、特長、成就，以鼓勵自己保持樂觀、自信、上進的積極心理，譬如說「金窩、銀窩不如自己的狗窩」，用笑看人生來脫離苦海。

五、逆境管理，自我激勵

2009年第一季是經濟最差的一季，在經濟衰退時，在逆境中應如何自處呢？經濟衰退也不全然是壞事，經濟趨緩時，企業放無薪假，許多人有更多時間可以做運動、和家人在一起；景氣低迷時，工廠的產量減少，空氣污染也跟著減少。經濟不景氣時，個人和公司可以利用這個時候，重新思考應該怎麼做，what is your next step，能夠增強個人與企業體質，禁得起大環境的考驗，重新出發。

目前經濟不景氣，大家都感受到很大的壓力，別過度沮喪，這可能是你投資自己最好的機會，回學校上一門對自己未來有用的功課。例如管理技能、簡報技巧、溝通技巧、人際關係、解決問題的能力、做好時間管理、創業、行銷、其他一技之長以及流利的英語，為日後的經濟復甦做準備，累積更強的競爭力。在不景氣的時候，更應該投資自己、充實自己 (Enrich Ourselves)。景氣差更要強化員工的訓練，加強員工的教育訓練。學歷代表過去，只有學習力才能代表將來；尊重經驗的人，才能少走彎路；一個好的團隊，也應該是學習型的團隊。

如果年年順境就沒有反省力，要禁得起逆境的淬鍊，才能走得更長更久。就像「冰淇淋哲學」，賣冰淇淋必須從冬天開始，因為冬天顧客少，會逼迫經營者降低成本、改善服務，而且如果能在冬天的逆境中生存，就再也不會害怕夏天的競爭。

近來在企業管理領域出現了個新名詞 AQ (Adversity Quotient)，它明確地描繪出一個人的挫折忍受力，或是面對逆境時的處理能力。根據 AQ 專家保羅・史托茲博士的研究，一個人 AQ 越高，越能以彈性面對逆境，積極樂觀，接受困難的挑戰，發揮創意找出解決方案，因此能不屈不撓，越挫越勇，而終究表現卓越；相反的，AQ 低的人，則會感到沮喪、迷失，處處抱怨，逃避挑戰，缺乏創意，而往往半途而廢、自暴自棄，終究一事無成。

AQ 不但與我們的工作表現息息相關，更是一個人是否快樂的重要關鍵。尤其在大環境不景氣的當下，不論有沒有工作，突發狀況的發生機率都會提高，因此練就一身回應逆境的好本領，就益顯重要了。到底該怎麼做，才能提昇自己的 AQ 呢？

1. 凡事不抱怨，只解決問題

碰到不如意的情況，AQ 低的人會怪東怪西，都是別人的錯，害自己不能如願，抱怨過後，心情往往更加沮喪而問題依舊無解。AQ 高的人通常沒時間抱怨，因為他們正忙著解決問題。所以請減少抱怨的時間，因為少一分時間抱怨，就多一分時間進步。

2. 先看優點，再看缺點

當挫折發生時，如果第一個念頭是：「完了，這下子沒救了。」那就很難逃脫悲觀的詛咒。AQ 高手的做法是，遇到狀況，先問自己：「現在有什麼是可珍惜的？」

換句話說，在挫折中找優勢，並把它轉化成進步的助力。例如，突然失業當然錯愕，但想一想，現在多了自己可支配的時間，還有資遣費，於是再進修培養第二專長，似乎會是不錯的想法，也許就此開創出另一番格局。畢竟自怨自艾解決不了問題，懂得在逆境中找機會，才是高 AQ 的精彩表現。

3. 學會自我激勵，給自己掌聲是最大的動力

做人要自己力爭上游，如果自己都不自我激勵，只靠別人的幫助，力量是不夠的。所以一個人每天在激勵自己的時刻，可以立志「奮發向上」，可以讀名人傳記，可以日行一善，可以廣交善知識，以能受其影響，以此來激勵自己的進步。有的人在自己的辦公桌上，隨時寫上一些自我激勵的座右銘，給自我警惕與激勵。人生的旅途就像馬拉松賽跑，一路上雖然有人為我們鼓掌、加油，真正的力量還是要靠自我散發著勇敢，提昇力量向前。學會了自我激勵、自我轉化，這是非常重要的。

4. 多說好話，給人鼓勵、給人肯定

給人一句好話，讓人生命奮起飛揚，何樂而不為呢？

所以，人要常說：給人歡喜的話；給人鼓勵的話；給人肯定的話；給人讚嘆的話。多說好話，少說壞話。不經意的一句輕浮話，有時會自毀前程；而一句關懷別人的話，卻能讓沮喪的人有生存下去的勇氣。

5. 將當下的不幸，變成日後的「幸虧」

看待挫敗，AQ 高手清楚知道，一時的成敗並不能定一生。就像李安，當年大學沒考上，卻因此找到了自己真正的舞台，現在想想，還真「幸虧」當時沒考上大學，因此只要保持樂觀，塞翁失馬，焉知非福。

6. 正面思考，人「定」勝天

最近參加一場論壇，法鼓山方丈果東法師在演講中提到他的師父聖嚴法師主張在面對困境時，要面對它，接受它，處理它，放下它。從管理學的角度，這是一個很好的處理過程：(1) 面對它，接受它是勇敢面對現實 (face the reality)；(2) 處理它是拿出解決問題的能力 (problem solving)；(3) 放下它是學會放下，才能消除壓力 (stress management)。

筆者印象很深刻的一句話，果東大師把「人定勝天」中的「定」字解釋成「安定」，人「安定」了才能戰勝困難。論語上有一段：「靜而後能定，定而後能安，安而後能慮，慮而後能得。」也就是這個意思。

有一個人常常被大家提起，他來自一個貧困的家庭，從小四處遷居，畢生經歷了許多挫折，

21 歲時，做生意失敗。
22 歲時，角逐州議員落選。
24 歲時，做生意再度失政。
26 歲時，愛侶去世。
27 歲時，一度精神崩潰。
34 歲時，角逐聯邦眾議員落選。
36 歲時，角逐聯邦眾議員再度落選。
45 歲時，角逐聯邦參議員落選。
47 歲時，提名副總統落選。
49 歲時，角逐聯邦參議員再度落選。
52 歲時，當選美國第十六任總統。

這個人就是亞伯拉罕・林肯 (Abraham Lincoln)。

這段小典故引申的意義是要叫人努力不懈地堅持到最後，一定能成就自己的事業。在美國，林肯就是一位堅忍不拔的最佳典範，美國學界和社會大眾公認林肯是美國歷史上最偉大的總統之一。

談到「堅忍不拔」，第 30 任美國總統卡爾文・柯立芝 (John Calvin Coolidge, Jr.) 有一句名言："Nothing in this world can take the place of persistence. Talent will not: nothing is more common than unsuccessful men with talent. Genius will not; unrewarded genius is almost a proverb. Education will not: the world is full of educated derelicts. Persistence and determination alone are omnipotent." (世界上沒有任何事物可以取代毅力；才華不行，才華橫溢卻一事無成的人無以數計；天分不行，沒有成就的天分很像只是一句諺語；教育不行，世界上受過教育的玩忽職守者多如牛毛。只有毅力

和決心是全能的。)

我們可以這樣做：

每天說一些歡喜的話，激勵自己不要悲傷。
每天做一些利人的事，激勵自己融入群眾。
每天讀一些有益的書，激勵自己增長智慧。

讓我們一起提昇自己的逆境管理，如此，你的卓越成就一定可以指日可待。

腦力激盪、實務精進

① 就本章內容，檢討你當前的情緒管理現況，寫出你自己的體認、心得、感想和評論。
② 基於上述體認、心得、感想和評論，寫出你自己在情緒管理方面需要加強努力的地方。
③ 在情緒管理方面，你遭遇到哪些困難？要如何去克服？請寫出來。

行為職能
BEHAVIOR COMPETENCIES

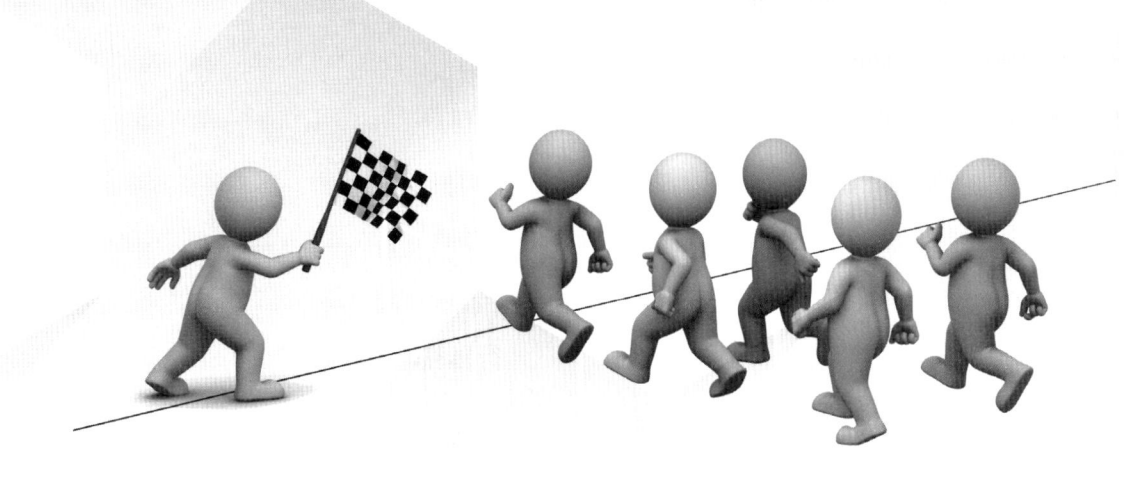

行為職能
BEHAVIOR COMPETENCIES

Chapter 7

有效的溝通管理
EFFECTIVE COMMUNICATION

本章學習目標

藉由本課程
1. 瞭解溝通的涵義與溝通模式。
2. 明白人際界限的涵義，改善學員對自我及他人的認識。
3. 協助學員發展更和諧的人際關係。
4. 增強學員與人溝通的自信心，增進與他人溝通的能力。
5. 學習及改善學員的溝通技巧，建立有效的溝通技能。
6. 藉由溝通技巧實務演練，提昇專業溝通能力。

我們一輩子都在溝通，在家裡跟家人溝通、在公司跟同事溝通、平時跟朋友溝通。我們說做人處事，做人和處事都需要與別人溝通。

一、溝通的態度

首先舉一些筆者生活上的實例來做開場白。

剛接任我們那一棟大樓管理委員會主任委員的時候，就有住戶反映他們那一層樓有兩戶家中滲水，要求清空頂樓的空中花園，以便防水施工。就像案例研究一樣，首先要瞭解問題的癥結，要花多少錢？問題有多大？因事關整棟大樓 70 戶住戶的權益，就決定先做一次意見調查，看看大家意見如何，再做處理。調查結果是 24 戶贊成、18 戶反對，過半數贊成，但是有幾家住戶強烈反對。這時候筆者警覺到，不能夠採取少數服從多數的方式，需要有充分的溝通協調，才能避免產生對立。

在公司裡，每年有兩次要和工會 12 位理監事開「懇談會」。以前做財務報告時，工會老是質疑有兩套帳，兩套數字。後來決定除了提供有關的財務資料外，同時也向工會理監事們分析講解公司的經營管理，讓他們能充分瞭解公司的營運狀況，取得他們充分的信任。

我們公司的勞資關係非常和諧，現在跟他們大家像朋友一樣。因為同時又擔任 TTC 桌球社 (Table Tennis Club) 社長和 BBC 籃球社 (Basketball Club) 社長，社團裡有許多年輕的公司同仁，所以跟他們大家能打成一片，也像朋友一樣。

筆者多年在大學授課，除了企管系的學生，像經濟系、會計系、統計系、社會系、公共行政系，也有很多外系的學生來選課。筆者問學生們為什麼要選我的課？他們說我會講理論，也會教實務，還會跟他們分享個人的經驗，把他們當朋友一樣。他們覺得上我的課除了可以學到東西外，感覺滿好，也滿有收穫的。筆者常跟學生們特別強調，除了在學校學習到要具備的專業知識之外，進入社會工作，還需要有好的溝通能力。

要做到好的溝通，出發點就在於你的態度要真誠，待人以誠，取得別人的信任。如果你能把鄰居、公司同事、工會理監事、學生都當作是你我的朋友。當彼此的關係是建立在「像朋友一樣」的基礎上，沒有什麼利害關係，自然能夠有比較好

的溝通。

二、溝通的方式

溝通要雙向的 (two-way communication)，如果只是單向的 (one-way communication)，到頭來大多是失敗的。人與人之間的溝通從最直接的見面 (face to face communication)、打電話 (communication by telephone)，到現在的電子郵件 (e-mail communication)。跟著時代腳步，e-mail 溝通已經非常普遍。

1. 電子郵件 (E-mail Communication)

現代人最重要的就是電子郵件溝通，為什麼？因為通訊科技太發達了。在沒有個人電腦的時代裡，你寫信，一封信從寫好、寄到，然後對方再回信，可能要好幾天。可是今天，上網就好了，每次都是立即發生的，馬上問、馬上答。換句話說，你必須在很短的時間裡，很精確的掌握你的語言、掌握情境。更重要的是，很精確地掌握對方的心情和他的想法。

以前都還會寫信，現在大概很少人寫信了。現在的工作溝通除了開會外，幾幾乎都是靠寫 e-mail。e-mail 的好處是快、迅速、方便，缺點則是有太多不需要的 (unnecessary) e-mail 或是一些 garbage (垃圾郵件)。有些人會 forward 太多的 e-mail 給他的朋友，相信你一定也收到過一大堆這類郵件。或許是經常收到太多的 e-mail，有些人對別人的 e-mail 是相應不理，從來不做回應，其實這也不太好。應該有適當的回覆，這也是做人應對的基本禮貌。如果你不希望對方 e-mail 給你，應該禮貌性的告知對方，相信對方自然會將你從 e-mail 名單中 delete 掉。如果偶爾你也會分享一些網路上的資訊，最好是一週一次，而且只挑選有意義、好的文章才分享給別人。例如是健康資訊、管理資訊或是拍攝的好照片、好文章。

2. 我的部落格 (My blog)

建立一個自己的部落格，有些攝影作品、文章等都可以放在上面，在部落格上，你可以認識一些網路上的朋友，是交朋友的一種方式，也一樣有溝通的效果。

三、溝通的內容

關於溝通的內容，我們應該要注意的有四個重點。

1. 要有主題

就像我們跟別人講話要有話題一樣，要讓別人知道你說話的主題，不要東拉西扯，不知所云。

2. 要有內容

溝通的資料要有內容。要讓別人覺得你說話的內容言之有物，不要流於空洞，乏善可陳。

3. 要有重點

你要傳達的訊息 (message) 一定要有重點。重點不要太多，一次傳達的訊息，最好只有兩、三個重點。在寫 e-mail 時，一定要有重點，讓對方很清楚你的重點是什麼。重點不要太多，太多重點反而跟沒有重點一樣。有的人能言善道、滔滔不絕，但當他講完之後，你不知道他說的重點到底是什麼。這時，每一次當他說完，你就一定要反問他：「請問你說的重點是什麼？」Please get to the point, point 1, point 2 and point 3。

4. 要注意到時效性

有些事情是有時效性的，要適時的在時效內答覆才是。

四、有效溝通的技巧

在溝通技巧上，我們應該注意到下列三點。

1. 要尊重對方，注意到對方的感受

一個會溝通的人，不是天天講話的人。通常那些比較安靜的人才是會溝通的人，因為他知道怎麼觀察你，知道你心裡在想什麼，知道怎麼回答你才是最有效

的。溝通考驗的是你的同理心、感受能力，還有你表達自己的能力。要瞭解人性，那麼要怎麼做一個有同理心的人呢？最重要的是，要瞭解人性。不論你是做軟體或硬體設計，或者是醫生、做廣告、行銷等等。最重要的一件事，就是你溝通的對象心裡在想什麼。

有時，即使我們說話的出發點是善良的、是好意的，但是如果講話的口氣太強勢、太不注意到對方的感受，則對方聽起來就像是一種攻擊一樣，很不舒服。所以，有時候我們的心中會有一些慨嘆……好像「你知道嗎？其實我滿贊同你的想法，但我很不喜歡你講話的口氣，或其實我滿同意你的見解，但我很不喜歡你講話的態度。有時，我們會說：「我這個人很理性啊！我的門都是開的，大家隨時都可以進來和我溝通。」可是，如果「我們的門是開的，心卻是關的」，又有什麼用呢？

2. 避免否定式、命令式的說話方式

有時候我們在溝通時，會不自覺地用一些「否定式」、「命令式」或「上對下」的說話方式。例如：「你錯了，話不能這麼說」，或是「跟你說過多少次了，你這樣做不行啦！你怎麼那麼笨，跟你講你都不聽」。一般來說，人都不喜歡「被批評、被否定」，但是有時我們在言談間，卻不知不覺地流露出「自我中心主義」和「優越感」，覺得自己都是對的，別人都是錯的。

負面說法 (Negative)	正面說法 (Positive)
• 你怎麼那樣懶惰？	• 你再努力一些就可以做得更好。
• 你怎麼那麼笨？	• 找到了好的方法你一定會進步。
• 你真是敗事有餘！	• 你可以換個方式試試看比較好。
• 你騙人！	• 你講的不是真實的吧！
• 你真是自私！	• 你可以站在別人角度想一想。
• 你真是頑固！	• 別人的意見也可以參考一下。
• 你是人見人怕！	• 你可以與別人相處得更好。
• 妳真是長舌婦！	• 妳可以精簡一些，別人會更喜歡聽。
• 你的脾氣真暴躁！	• 你可以控制一下你自己的情緒。
• 你是個膽小鬼！	• 勇氣是需要經過鍛鍊的。
• 你真討厭！	• 你不那樣做我會比較高興。

3. 聽和說一樣重要

一般人總覺得溝通在於說話表達，但其實傾聽也是一個很重要的溝通能力，因為唯有透過傾聽，才能進入問題的核心。

職場溝通主要有三個對象：上司、同儕和下屬，溝通是為了要得到別人的同意或支持，但若溝通不良，就會變成很大的阻力，甚至出現人家跟你唱反調的情況。可是，溝通是雙向的，不是單方面的，所以「聽」和「講」其實一樣重要，只是不同場合有不同的重要性，像是演講時，講就比較重要，因此聽與說彼此要互相搭配。

(1) 做筆記、記重點

傾聽當中，主要是為了幫助你瞭解事實，去聽別人的陳述，接受這些訊息。聽的時候就是取得資訊 (input)，聽完之後要有獨立思考、判斷的能力，然後再加以整理、綜合、歸納，這就是資訊處理的過程 (process)，綜合這些過程後才會出現決策 [decision making (output)]。

企業中高階主管就是要在開會時綜合大家的意見，做出這些整理、綜合、歸納的工作。不過，很重要的一點是，傾聽還可以扮演察言觀色的功能，正所謂「聽其言、觀其行」，要傾聽對方說的話才知道對方要表達的意思。但是，一般人傾聽只是聽，但在職場當中，你在聽的時候應該要尊重對方，也就是要看著對方，讓自己保持專心的狀態，不要漫不經心。而且，由於大家都喜歡表達自己的意見，但若每個人都搶著講話，就不理想。所以，應該先讓對方把話講完，不要搶著發言或表達意見，並且不要在別人表達意見之時，就先排斥對方的意見，藉由傾聽來想想是不是有道理，也去除自以為是的心態。

一般來說，在溝通能力上面，大家多半是訓練口才、說話技巧，但很少人會想要學習傾聽，不過，在訓練自己的傾聽能力時，一定要聽得專心。而要有專注力，最好的方式就是做筆記，把聽到的重點記下來。例如一場演講中、會議中的重點是什麼，藉由這種方式將之記錄下來，可以藉此訓練自己綜合歸納的能力。

(2) 做會議記錄

除了做筆記、記重點來訓練自己傾聽能力以外，也可以學著在開會時做會議記錄。我之前在日本、韓國開會時，會後一定都會整理自己的會議記錄，這是其他人所不及的，因為其他人只是把別人說的話記下來而已，沒有把重點抓出來。另外，開會不光只是開會，開會中也可以觀察，看看大家講的話有沒有重點，有沒有邏輯，是不是似是而非。傾聽是為了要得到資訊，最後是為了寫出文章、講出重點或是發言，這時候聽的過程還需要多加思考和作判斷，這也是管理上所說的下一步 (next step)。

在雙方溝通時，最好不要太堅持己見，否則容易陷入僵局，而且講話的態度要正面，不要總是唱反調、批評。另外，在職場中有很多人寫電子郵件跟做簡報都沒有重點，這時就應該特別注意將重點講清楚，而且很多人也不重視電子郵件禮貌，常常接到電子郵件都沒有回覆，這也是溝通上的基本禮儀，要格外注意。

(3) 會提問，才談得下去

「提問」是很重要的技巧，會發問的人，很容易找到你要的話題，甚至是遇到自己不太清楚的狀況，只要有技巧地發問，還是可以從別人身上聽到寶貴的訊息。為了培養自己的提問力，不妨可以在聽一場演講時，利用不同顏色的筆將重點圈選出來，並將問題寫出來。也就是說，在提問之前，需要對對方所說的話先思考清楚後再進行發問。在提問的過程中，一方面藉由提問瞭解對方的想法，但也從提問的過程中，把自己的想法告訴對方，形成對話，就能讓對談暢通。

職場上，如果要對對方的意見提出進一步的問題時，「三明治提問法」就是一種不錯的選擇。所謂三明治提問法就是將兩個好的說法包著中間那個問題，讓人覺得你的態度沒那麼單刀直入，例如，「你剛剛講的很有道理，我心有同感，但是……，最後我還是覺得你的想法讓我獲益良多。」在這種提問法中，應善用「然而」、「至於」、「但是」這種轉折語氣，比較不會讓人覺得下不了台。

在我們碰到棘手的問題時，必須先靜下心來，千萬不要衝動行事。也學習「先處理心情、再處理事情」，免得事情越弄越糟糕。我們都可以在工作中，學習做更好的溝通，使人際關係更圓融，也使日子過得更精彩、更有意義，不是嗎？

五、溝通案例分享

1. 溝通出了問題

有對夫妻，經濟條件不錯，卻相偕到律師那裡要辦離婚。原因是兩人爭吵不斷，老是意見不合，個性上又南轅北轍，十分不和諧，決定辦離婚。律師提議三人一起吃頓飯。夫妻想了想，雖然要離婚，兩人又沒什麼深仇大恨，吃頓飯總可以吧！

餐廳裡三人氣氛非常尷尬。正巧服務生送來一道烤雞，先生馬上夾起一塊雞腿給太太說：「吃吧！妳最喜歡吃的雞腿。」未料太太紅著雙眼說：「我愛你，但你這個人就愛自以為是，什麼事都自己說了就算，從來不管別人的感受，難道你不知道，我這輩子最討厭吃的就是雞腿嗎？」

這時先生也有點哽咽的說：「妳總是不瞭解我愛妳的心，時時刻刻我都在想，要如何討妳的歡心，總是把最好的留給妳，妳知道嗎？這輩子我最喜歡吃的就是雞腿。」

律師看在眼裡，不免鼻頭一酸，兩個都愛著對方的人，卻因為「溝通出了問題」而面臨分開的局面。

有時候你贏了，但其實你輸了，可不是嗎？有時候你贏了面子，但其實你輸了感情；有時候你贏了口舌，但其實你輸了形象；有時候你贏了好處，但其實你輸了友誼；總之，有時候你看似贏了，實際上你卻輸了。待人處事固然應該「據理」，但卻不一定要臉紅脖子粗地在那裡「力爭」！理直氣「和」的態度絕對比理直氣「壯」更易為人所接受。

因此，在溝通時，必須注意到對方的感受，畢竟每個人都有自尊感，每個人都希望被肯定、被讚美、被認同，而不喜歡被否定、被輕視。所以，即使雙方意見不同，但必須做到「異中求同、圓融溝通」，「有話照說，但口氣要委婉許多」。但是，在溝通時，人除了防衛自己之外，也要站在別人的立場來思考。善用同理心，也學習控制自己的舌頭。在適當的時候，說出一句漂亮的話；也在必要的時候，及時打住一句不該說的話。因此，我們必須學習「不要急著說、不要搶著說，而是想著說」，絕對不要「逞口舌之快」而後悔。

有些人，凡事都習慣性地做「負面思考」，從負面角度來衡量和評價，以致所說出口的，都是一些「難聽」或「刺傷他人」話。也正因為這些人不懂得「稱讚別人」、「欣賞他人優點」，只是專挑別人毛病、語出批評，所以也使自己心中沒有「喜悅之情」。假如，我們能多學習「正面思考」，用比較「樂觀」的角度來看待事情，心情一定愉悅、更快樂。

2. 溝通的目的是「瞭解對方」

曾經有個小國的人到中國，進貢了三個一模一樣的金人，金碧輝煌，把皇帝給樂壞了。可是這個小國的人不厚道，同時出一道題目：「這三個金人哪一個最有價值？」皇帝想了許多的辦法，請來珠寶匠檢查，稱重量、看做工，都是一模一樣的。怎麼辦？使者還等著回去匯報呢！泱泱大國不會連這個小事都不懂吧？最後，有一位老臣有辦法。皇帝將使者請到大殿，老臣胸有成竹地拿著三根稻草，插入第一個金人的耳朵裡，這根稻草從另一邊耳朵出來了。第二個金人的稻草也從嘴巴裡直接掉出來，而第三個金人，稻草插入後掉進了肚子，什麼聲響也沒有。老臣說：「第三個金人最有價值！」使者默默無語，答案正確。

這個故事告訴我們，最有價值的人不一定是最能說的人。老天給我們兩隻耳朵、一個嘴巴，本來就是讓我們多聽少說的。善於傾聽，才是成熟的人最基本的素質。

伏爾泰曾說：「通往內心深處的路是耳朵。」希臘哲人戴奧真尼斯也說過：「上天給我們兩隻耳朵、一個嘴巴的意思，就是要我們多聽少說。」的確，一雙願意聆聽的耳朵 (a good listener)，遠比一張愛說話的嘴巴更受歡迎。我們都知道說話沒被對方傾聽是多麼令人挫折沮喪的事，但我們又有多少人曾真正靜下心來聽聽別人的心聲？我們往往因為太忙，而忘了去傾聽別人的心事。要知道，溝通的目的就是為了「瞭解對方」。

腦力激盪、實務精進

❶ 就本章內容，檢討你當前溝通管理的現況，寫出你自己的體認、心得、感想和評論。

❷ 基於上述體認、心得、感想和評論，寫出你自己在溝通管理方面需要加強努力的地方。

❸ 在溝通管理方面，你遭遇到哪些困難？要如何去克服？請寫出來。

Chapter 8

簡報技巧
PRESENTATION SKILL

本章學習目標

藉由本課程
1. 瞭解簡報技巧的重要性。
2. 學習簡報內容資料的收集。
3. 強化簡報製作的能力。
4. 提昇簡報的表達技巧。
5. 建立簡報現場的管理能力。

筆者曾應國際經濟商管學生會 (AIESEC) 台灣總會之邀，在台灣大學社會科學院 Summer National Conference 對來自 15 所大學院校，八十多位學生幹部、學生青年領袖做 Presentation Skill 的專題演講。國際經濟商管學生會 (AIESEC) 是世界上最大的學生組織，在 104 個國家都有 AIEAEC；在台灣有 30 所大學的學生參與 AIESEC，並在其中 14 所大學設立分會。AIESEC 提供了年輕人獨特的學習經驗，藉由國際會議、國際人才研習計劃，培養了很多的青年領導人才，養成了學員積極進取的特質、發展自我體認以及國際視野。

在演講後，多位學生幹部與筆者交換名片，在他們名片中，筆者注意到了他們的一句標語："The international platform for young people to discover and develop their potential." 而 AIESEC 的確著重青年學生人格特質如 leadership、execution、global diversity and multi-functional skills 等多方面的學習成長。

學習有用的知識與技能

學問的作用在經世濟民，成為有用的智識。可惜在目前大學教育中，我們並沒有學習到很多對我們工作上、生活上比較重要的一些技能，像做好生涯規劃、做好時間管理 (Time Management)、做好情緒管理、有效的溝通管理 (Effective Communication)、簡報技巧 (Presentation Skill)、成功的談判技巧 (Negotiation Skill)、如何面對衝突 (Conflict Management)、培養好的人際關係 (Interpersonal Skill)、解決問題的能力 (Problem Solving Capability)、提昇創造力 (Innovation Management)、培養我們的領導能力 (Enhance Our Leadership Capability)、紓解工作壓力 (Stress Management)……等等。學習有用的知識與技能對我們非常重要，而這些都是筆者在企管顧問公司講授的課程，如何做好管理工作，把管理的知識技能落實到工作上、生活中，對我們將更有幫助。

Presentation Skill 就是一個非常實用的一項技能，不僅僅是訓練學員的表達能力、溝通能力，同時從準備簡報資料中也培養了我們整理、綜合、歸納的組織能力、表達了我們的思考、判斷的能力；在工作中，我們有很多的機會需要做簡報，在發表簡報時，也看出了我們的工作能力跟我們的工作表現。我從成功簡報的要件，準備簡報的內容，談到發表簡報時應注意的事項與 Q&A 問題之處理。演講內

容扼要整理如下供大家參考，希望對你也有一點點小小的幫助。

一、成功簡報的要件

簡報是用來溝通，其目的包括：提供資訊、協助閱聽者加以理解、取得共識或引發動機等。懂得多並不是一件難事，難的是懂得該與對方分享些什麼；如果你清楚地知道此次簡報的目的與對象是誰，則決定該說些什麼，就會變得簡單多了。

成功簡報的要件有三，分別是*內容、設計與發表*。所謂內容，包含對簡報內容的研究與整理。設計意指投影片的架構與圖像的強化。發表指的是如何用語言有效地傳遞訊息。

內容

在建立簡報內容時，首先你必須動手做研究，接著將所收集到的資訊進行有系統的歸納分類，最後則是擬出綱要。

建立簡報內容的步驟有三：
1. 自行著手進行研究。
2. 將資訊歸納為邏輯性的分類。
3. 擬定大綱。

設計

一旦擬出簡報大綱後，便著手準備製作投影片，並增加圖案、圖表與動畫。在設計一節，我們所探討的是如何利用微軟的 PowerPoint 來製作簡報。

發表

最後一個階段，就是「發表」。你必須掌握有關該簡報會議的運作流程，你必須確知如何才能讓與會者接收到你所要傳達的訊息。

當你決定或開始做一場簡報時，應該收集所有的細節資料。你必須收集的細節可歸為四類，稱為「4P」：

＊目的 (Purpose)

＊對象 (People)
＊重點 (Point)
＊場地 (Place)

為什麼要做這次簡報？主題與原因是什麼？簡報的對象是誰？希望簡報的結果是什麼？你要在哪裡做簡報？簡報時間有多長？

1. 目的 (Purpose)

你為什麼要做這次簡報？

第一個部分是主題，你的簡報究竟是什麼 (What)。你想要提及與涵蓋的議題是什麼？是提出對員工手冊的改變建議嗎？還是最近有關新產品的媒體負面報導？還是公司內部網路的更新？

第二個部分則是原因，也就是你為什麼 (Why) 要做簡報，你期望做些什麼？是提供資訊？幫助參與者有更多的瞭解？說服他們同意某事？激發他們採取某些行動？或只是為了取悅聽眾。

最後為簡報打分數：

1. Best Presentation.
2. Very Good.
3. Still OK.
4. Not So Good.
5. Pretty Bad.
6. The Worst.

2. 對象 (People)

簡報的對象是誰？

＊你為什麼要參加這次簡報？
＊對於參加此次簡報，你感覺如何？
＊你希望能從此簡報中獲得什麼？

3. Point 重點

簡報結束之後,你想要產生什麼結果?

　　因為你的簡報,與會者將有哪些改變?

4. 場地 (Place)

你要在哪裡做簡報?

　＊簡報時間有多長?

　＊場地有多大?

　＊有什麼設備,螢幕、麥克風、講台?

　＊電源插座在哪裡?

　＊燈光效果好嗎?

　＊場地是否安靜?

二、準備簡報的內容

　　Ron Hoffin 在《我可以把你看透——如何締造成功的演說》(*I Can See You Naked – A Fearless Guide to Making Great Presentation*) 一書中指出:「一個準備不周的簡報者,會自然地向他的聽眾流露出以下訊息:我不認為你們很重要,如果你們真的很重要,我就會準備得比現在好。」

自問一下 (Question yourself)

1. 我希望聽眾可以得到什麼收穫?
2. 對於我要發表的主題,他們已經知道多少?
3. 此次簡報的目標是什麼?

　　舉例來說,簡報目的是如何訓練其部屬採用新的作業程序,先瞭解參加者對過去與未來的作業程序略有所知,因此你的資料針對提供的知識,的確能讓他們深入議題的核心並藉此訓練其員工。

「想法彙整」(Brain dump) 的事項包括：參加者對於該主題涉獵多少、他們希望從簡報中獲得什麼、他們將如何應用簡報內容、什麼東西可以吸引聽眾，以及這些人可能會提出哪些問題等。

想法彙整的範例 1

目的──檢視近期的一項促銷成果

資料搜集──取得最新的財務資訊 / 與預設目標相對照 / 找出發生了那些原本沒預期到的事件，如產品供應狀況、作業流程狀況 / 從報告中收集資訊，取得對此次促銷的反應，如相關議題、競爭者的活動、行銷反應等 / 將此次結果與不同時期的促銷活動結果做比較，以確認兩者之間的異同 / 與預算計畫做比較 / 分析獲利性，如評估促銷成本、廣告費用等 / 投資報酬率……等。

想法彙整的範例 2

目的──簡報對象是別家公司，希望該公司能跟我們公司一起合作

資料搜集──收集有關該公司的資訊，如其不足之處等 / 我們可以幫上什麼忙 / 代表與會者 / 進行有關我們與其他競爭者間的成本比較 / 當對方和我們合作時，可以省下多少成本 / 對方可獲得哪些具體利益等。

管理你的資料

將你想要用到的資料分為兩類：

* 「務必要知道的」(Need to Know)：指的是聽眾不能不知道的資訊，才能達到原來的目的。對簡報的目標是必要的，同時成為投影片的主要內容。
* 「最好能知道的」(Nice to Know)：指對簡報目標來說雖然並不是那麼重要，卻可以增加簡報的吸引力，則可以變成草稿中的一部分。

舉例來說，針對資深主管進行專案最新進度報告，比較細部的資訊應該歸類「最好知道的」；如果簡報的對象是技術人員，細節則成為「務必要知道的」。

假如你正針對一個新的潛在顧客進行一次銷售簡報，當然你對你的公司有全盤的瞭解，但是你對於這個潛在客戶又知道多少？他又為什麼需要你所提供的產品或

服務？你必須確實掌握客戶的實際情況，且知道你的產品或服務能如何協助他們。如果你對他們的業務與需求沒有很瞭解，那麼你就還不適合站在講台上。

將研究結果化為簡報大綱

擬定大綱的步驟有三：
1. 決定大綱的形式
2. 將原始資料加以群組
3. 依大綱加以安排配置

大綱範例

新產品促銷的簡報大綱：
1. 導言
2. 可能策略
3. 最近的促銷活動與成果
4. 策略分析
5. 結論與建議

一般來說，大綱可被分為三個部分：導言、主體、結論。主體部分包括簡報的所有主要重點與次點，是你的焦點所在。看一看你的簡報的組織架構是否條理分明、有效且易於瞭解？

依大綱加以安排配置

簡報的導言必須能夠吸與集中聽眾的注意力、建立與台下聽眾的連結，以顯示你的可信度，讓他們的注意力集中在你的簡報上。簡報前不要秀出太多資訊。

簡報箴言「三個告訴」法則：
1. 告訴他們，你將要告訴他們什麼。
2. 告訴他們，你想要告訴他們什麼。
3. 再告訴他們，你已經告訴他們什麼。

最後，結論必須摘要所有的主要重點、做出總結，並讓人留下深刻的印象。

三、將內容轉化為簡報投影片

- 每張投影片只能表達一個概念。
- 一張投影片上的文字不要超過八行,每行不要超過八個字。
- 根據簡報的時間、聽眾與簡報形式,決定要使用多少張投影片。
- 投影片中的標題與文字,應該盡可能易於被瞭解且具有影響力。
- 在簡報中,使用議程投影片與複習投影片「告訴他們,你將要告訴他們什麼。」以及「你已經告訴他們什麼。」
- 變化投影片的版面配置,可以運用引述、問題、圖案、表格、美工圖片、照片及影片等。
- 提供有用的講義讓聽眾帶走。

如果你只是照本宣科地「唸」投影片,當然無法引起與會者的興趣。

如果投影片上的資訊多到讓人感到疲勞轟炸的話,你也將很快地失去你的聽眾。

從大綱到要點,建立要點文字說明時,參考原則如下:

- 一張一概念。
- 關鍵字與片語:盡量精簡,使用動詞或名詞。
- 8 X 8 法則:一張投影片上的文字不要超過八行,每行不要超過八個字。
- 要點標示一致:更改前,(1) 已擬定幾個大綱;(2) 主題的檢視;(3) 這個主題可用來銷售。修改後,(1) 擬定幾個大綱;(2) 檢視主題;(3) 促銷此一主題。
- 正確的字體:人們所習慣的閱讀模式是句子,避免全部使用大寫。

決定投影片的張數

一般來說,每分鐘展示的投影片差不多是 1 到 2 張,如果你對副總經理的簡報時間只有 15 分鐘,那麼你的投影片不應該超過 30 張。瞭解你自己 (Know yourself),你用何種方式發表簡報?你講話的速度是如何?你會照著草稿唸,還是會自我發揮?一場 30 分鐘的簡報,你會使用多少張投影片?

建立適當的標題

標題可說是投影片的重點所在，標題呈現出你在投影片要點中所要陳述的主要概念。

範例	修改後
*評估成本效益的要件。	*要件。
*清楚瞭解成本效益分析的各個構面。	*瞭解成本分析構面。
*釐清被評估的技術、計劃或程序的潛在效益。	*釐清技術、計劃或程序的潛在效益。
*掌握定義「成本」的類型與方法。	*界定「成本」的類型與方法。

吸引你的聽眾

- 採用「吸引用語」，例如「怎麼將獲利提高50%?」，增加營業額、降低成本、每月省下多少錢、提昇生產力等。
- 以資料與事實作根據。
- 不要過度承諾。

議程投影片與複習投影片

- 議程投影片有助於為整個簡報設定流程順序；「告訴他們，你將要告訴他們什麼。」你的聽眾可以得知今天所要探討的事項是什麼。
- 複習投影片用來提醒聽眾，彙總你所要傳達的訊息，「你已經告訴他們什麼。」

善用標題投影片轉換主題

處理引述問題——如果你要引述的資訊超過兩句話，請縮短。保留重要的片語，然後用刪節號……。在投影片中加入問題——問題會帶來較大的迴響，在投影片上的條列式提問，除了易於閱讀與理解問題，同時也可以和你的聽眾互動更為頻繁。

舉例：我們應該如何提昇營業額、強化生產力與建立標準？

我們應該如何

- 提昇營業額？

- 強化生產力？
- 建立標準？

善用圖表

將資料轉換為圖表，圖表可以更精簡地呈現更多資訊，並看到資料間的關聯。

加入圖案以強調要點，一張好圖比千言萬語還更有價值。圖案的形式有美工圖案、照片、影片等。

簡報講義

幾乎 90% 的聽眾都會在 24 小時內「忘記」你在簡報中的大部分資訊，而一份完善的講義則可以喚起人們的記憶。

講義製作——「檔案 > 傳送到 > Microsoft」選擇講義的版面配置，並點選 OK，「貼上連結」(Paste Link)，則 PowerPoint 上所做的任何更改，都會對應到 Word 檔講義中。

四、製作投影片的技巧

(一) 製作投影片的三大關鍵

- 設定版面配置的第一步是建立標題母片與投影片母片。
- 設計元素必須保持一致性，包括文字與圖像的置放、字型與大小、背景、影像的風格與安排及圖表等。
- 仔細選擇字體大小與樣式，並遵循 8 X 8 法則。
- 保持圖像的一致性，包括背景、圖表、影像等。
- 選擇色彩時，色彩可以用來設定心情、基調、反應與期望等。

關鍵一：版面配置

設定版面配置的最簡單的方法，就是利用 PowerPoint 中的母片 (master) 功能，母片就是簡報的樣版。

點選「檢視 > 母片 > 投影母片」(View > Master > Slide Master)：

1. 選擇標文字框
2. 文字框中文字向左對齊
3. 選擇要點式文字框

關鍵二：一致性

簡報中保持下列要素的一致性：
- 文字與圖像的置放
- 字型與字級大小：字型用 Arial or Times New Roman；標題字級在 38 到 48 級之間，要點文字字級在 24 到 32 級之間。
- 投影片背景
- 圖像風與安排
- 圖表 [直條圖、條圖、圓餅圖 (pie chart)]：圖表設計的一致性，假如你收看過 CNN，就會發現它所有的圖表都是 2D (two-dimension)。因為觀眾必須能夠快速地看出每個數值之間的正確關係。

關鍵三：色彩

- 暖色系如紅、黃、橘適合作為前景元素的顏色，冷色系如藍、綠、紫等則適合用在背景上。
- 藍色是平靜的、可信的、保守的、平安的、可以依賴的，歐美 90% 的簡報都是用藍色作為背景色。
- 紅色代表熱情，是一個具有主導性的顏色，會引起注意，同時有激勵聽眾的作用。
- 黃色通常用在文字與重點上，在深色背景上效果非常好。
- 藍色與黃色是互補色，最常見的組合就是在深藍的背景上採用黃色字體，有 90% 的商業簡報採用此一顏色組合。
- Personally, I prefer Black & White. (白紙寫黑字)。

(二) 設計具影響力的簡報投影片

- 我為什麼要設計這個簡報？是為了聽眾？是為了我的形象？還是為了簡報的目

標？
- 為了聽眾而設計，你應該考量他們的經驗、期望、他們想要與實際需要的內容，以及最可能吸引或影響他們的樣式。
- 為了你的形象而設計，應該考量的則是參加者對你的期待，以及你如何符合正面期待與扭轉負面期待。
- 為了簡報目標而設計，則必須根據此一目標，全盤思考所有的內容與設計，而目標可能是為了要說服、教育、徵稅等。
- 設計簡報，必須將公司識別系統善用到簡報中，發揮最大的效益。

使用企業識別系統

善用企業識別系統，包括標誌、圖章、色系與圖像風格等。你可以要求公司內部的行銷部門，製作一份與公司識別系統一致的 POT「簡報範本」(PowerPoint Template)。

(三) 為簡報投影增加影音色彩

- 為簡報增色的方式有許多種，包括符號、美工圖片、照片、圖表、音效與影片等。
- 在增加任何元素前，應考慮它們是否能讓聽眾更瞭解我的訊息？它們是否能和我的簡報風格相配合？
- 對任何你想要加進來的效果，對聽眾是否可讓簡報更容易達到目標？

影音元素有助於吸引大眾的注意，為簡報增色的方式有許多種，包括符號、美工圖片、照片、圖表、音效與影片等。

在增加任何元素前，應考慮下列兩個問題：

- 它們是否能讓聽眾更瞭解我的訊息？
- 它們是否能和我的簡報風格相配合？

照片
- 確定檔案格式為 JPEG。

- 電子簡報只需要低解析度 (72 dpi)。
- 插入的檔案大小，必須與簡報需求相符。

圖表

1. 使用正確的圖表類型。
2. 盡量保持簡單。
3. 使用 2D 圖表而非 3D 圖表，讓圖表盡量簡潔。
4. 使用簡單的形狀來呈現你的資料。
5. 只點出重要的資料，隱藏資料表。

音效

　　如果正確使用的話，聲音可以是一個強而有力的工具，但是它往往被濫用或錯誤使用。

影片

- 有 AVI (Audio Video Interleave)、MPEG (Moving Pictures Experts Group) 等檔案格式。
- 「插入 > 影片 > 從檔案插入影片」。
- 任何影片檔的長度都不應該超過二分鐘，如果太長的話，你可能會失去你的聽眾。

對任何你想要加進來的效果，對聽眾是否可讓簡報更容易達到目標？

五、發表簡報應注意的事項

1. 簡報會場與設備

- 盡量掌控你的簡報設備、場地設施與支援作業。
- 仔細選擇簡報的會議日期與時間。
- 對會議的成功與否，場地設置是很重要的一環。包括場地大小與設置、燈光、設備、溫度與音響。

日期與時間
- 假如上班時間是上午 8:30，那麼會議開始時間可以訂在 9:00。
- 會議結束的時間盡量定在午餐前的三十分鐘。
- 如果會議的時間必須拉長，你必須安排十分鐘的休息時間。

場地大小與設施
簡報場地模式有兩種，分別是教室模式與會議室模式。教室模式，以教室的形式安排桌椅，用於教育訓練、研討會，或利用講義稿的簡報；會議室模式，許多簡報都是在會議室中進行，適用於人數較少的場合。如果會議中有許多的非正式討論，馬蹄型的座位排列將是最好的選擇。

設備要注意電源插座、投影螢幕、麥克風等。

燈光
最好的燈光裝置模式是採排列的方式，在做簡報時可以關掉螢幕前方的燈光，不但可以讓聽眾清楚地看到螢幕，還可以讓他們有足夠的光線做筆記或讀講義。在休息的時候記得將所有的燈光打開。

設備
- Notebook 與投影機是否相容？
- Notebook 可否直接在現場插電？
- 投影機與螢幕的距離是否適當？
- 發生緊急狀況時，該聯絡誰？
- 一定要準備一份磁片或光碟片備份。

溫度
保持適中。

音響
音量適中，在比較小的場地，聲音不要太大。

自我檢驗
- 是否已測試過設備？
- 場地的設置是否適合？
- 我可以控制燈光嗎？
- 場地的溫度舒適嗎？
- 有足夠的講義嗎？
- 是否準備簡報的備份磁片？
- 有準備一杯水嗎？
- 是否安排了足夠的休息時間？

2. 簡報操作

在簡報一開始時，讓聽眾保持足夠的注意力，凝聚聽眾的焦點，以引導其正確的方向，這是非常重要的一件事。

破冰技巧，如讓參加者自我介紹，應考慮下列因素：

1. 是否有助於簡報的目的？
2. 是否能讓所有的參加者都融入其中？
3. 是否覺得自在？是否能讓參加者熟識彼此？
4. 是否簡單、容易說明與執行？
5. 是否有足夠的時間進行？

保持聽眾的注意力
1. 參加者是否瞭解你的資訊？你可以問大家問題，有沒有人自願發言？
2. 為什麼這些資訊對他們來說是重要的？What's in it for me?
3. 目前進行的狀況，進度如何？是否符合原先預計的時間？
4. 舉例說明，在新產品銷售計畫簡報中，提出現有產品作為參考，提出競爭品牌的成功案例等等。
5. 在簡報中加入互動活動，同時兼顧資訊的傳達與互動性。

困境處理

困境 1：參加者有比你懂得更多的專家。

　　因應之道：讓他們參與，並分享他們的想法、他們的經驗。

困境 2：沒有做任何準備的參加者。

　　因應之道：保持彈性，或稍微調整加以配合。

困境 3：午餐後昏昏欲睡。

　　因應之道：可以請參加者從椅子上站起來做一些活動。

困境 4：一直說話的參加者。

　　因應之道：如果是你的部屬，可以請他有所節制；如果並非你公司或你部門的成員，可以委婉的方式請他表示意見，把鎂光燈聚焦在此人身上，讓他有參與感。

3. 發表簡報

- 成功穿著，穿得更得體、更舒適。
- 善用聲音表情。
- 提早到現場，並為簡報預做準備。
- 做強而有力的開場，並與在場聽眾建立起關係。
- 掌握肢體語言的運用。

有些人會怯場，怯場是面對無法掌控的未知情境的一種恐懼。避免恐懼，求好心切，你可以：

- 事先練習。
- 背下開場白，或記住簡報的組織架構、要點與核心概念。
- 製作備忘稿。
- 前一晚睡眠充足。

簡報開始之前

1. 注意你的衣著、聲音與演說風格。
2. 外表。
3. 最好的穿著是比你的聽眾稍微正式一點，穿著舒適又合宜。

4. 聲音盡量保持自然，注意你的音量、音調、語調與發音。
- 聲音必須夠大，讓所有的人都可以聽清楚，你可以問一下聽眾大家是否聽得到。
- 說話節奏是自然，不要像背書一樣。
- 將更多的感情放入你的語調中，讓聲音更為生動。在重要的句子以及要傳達重要的訊息，加強語氣。當你想要說明某個些事情時，必須說慢一點。
- 聲音不要太誇張，那會覺得你很做作。
- 適時的暫停，可以讓聽眾對你的簡報更瞭解，還能夠表現出你的自信。

就緒

提早到現場，並為簡報預做準備：

- 檢查一遍所有的設備，包括燈光、所有的機器設備，做好準備。
- 將設備就定位，然後測試一下投影片。
- 熟悉一下環境，同時講台上準備了一杯水。
- 備忘稿順序是否正確，並迅速地瀏覽一下你的資料。
- 如果還有時間，可以跟到場聽眾致意一下，打個招呼。

第一印象

- 準時開始
- 保持微笑
- 自我介紹：簡單扼要
- 眼神接觸，試著以你的肢體語言與聽眾溝通。透過眼神的接觸還能夠建立一種信賴關係。

加州大學 Albert Mehrabian 研究指出：

1. 文字性——產生 7% 效果。
2. 聲音性——產生 38% 效果。
3. 視覺性——臉部與身體語言，產生 55% 效果。

簡報開始

- 一開始就先點出簡報目標。
- 要掌握聽眾的注意力，以具有吸引力的數據、故事，可以引起興趣的事物作為開場。
- 小心觀察聽眾發出的訊號，懂得聽眾的心理。

發表

- 善用肢體語言，將雙手伸向你的投影片和你的聽眾。
- 不要在一個位置上停留太久，移動保持自然。
- 說話帶有感情，使用簡短的句子，重複重要的觀點。
- 使用「我們」比「你們」來得恰當。
- 不要把教室所有的燈光都熄滅。
- 放映投影片時，應對著聽眾說話，而不是對著螢幕說話。
- 大約一個小時休息一下，或中場休息。
- 適時發講義(進場時或到相關議題時發)。
- 準時結束，將總結主要重點整理在一張總結投影片上。

六、Q&A 問題之處理

- 為問題預做準備，掌控問答進行的技巧。
- 注意時間，在預定時間結束。
- 作強而有力的結尾，加深印象。

發問時間

- 在簡報進行中。
- 在簡報的最後。
- 在簡報的每一段落暫停一下。

處理發問的程序
- 預估可能會提出的問題
- 仔細傾聽發問者
- 重複或改述所提的問題
- 清楚扼要的回答
- 接著回答下一個問題

Q&A section 注意事項
- 當別人開始發問時，請將焦點放在此人身上，是你對發問者的尊重與專注。
- 如果不是很清楚對方的問題，請他重複問題，請他釐清他的問題，「請問你的問題是……？」
- 回答問題應該要簡單扼要，如果你不知答案，不要不懂裝懂。最好的回答是不知為不知，但你會查一下再將結果告訴對方。
- 回應問題時，不要設防、不要爭辯、不要輕視。
- 當問題是人身攻擊時，隨機應變，避免負面情緒。
- 注意結束時間，你只能再接受一個問題。

七、評價與學習改進

- 參加者從你的簡報中得到了什麼？是否達到原定簡報目標？這次簡報又會在他們的工作中造成多少影響？
- 請參加者填寫一份簡單的問卷調查，透過選擇題與開放性問題，以瞭解他們對簡報的評價。
- 對回應意見，不要設防、企圖解釋或合理化，得到具體的意見並感謝每個人的回應。

問卷調查
- 保持簡短：時間不要超過三分鐘。
- 選項不要過多或過少：Likert scale 最好的選項是三到五個。打分數的話，一到

十比較適合。
- 開放性問題的答案空間不可太多或太少。

回應的方式

- 不要抱持防禦的心態。
- 不要試圖解釋或企圖合理化。
- 具體的意見,請提問者明確釐清他的意思。
- 謝謝他們的回應。

腦力激盪、實務精進

❶ 就本章內容,設計製作一個求職面試用的簡報。寫出你自己的體認、心得、感想和評論。

❷ 模擬自己使用上述求職面試用的簡報在 100 人以上的大會議廳做簡報的場景,寫出自己做簡報時要如何操作控制場地的設備?

❸ 模擬自己使用上述求職面試用的簡報,在 100 人以上的大會議廳做簡報的場景,寫出自己做簡報時要如何控制吸引聽眾的注意力?

專業商務電子郵件寫作
WRITING PROFESSIONAL BUSINESS EMAILS

Chapter 9

親愛的讀者，本章用了很多英文，那是因為筆者要特別強調，專業商務電子郵件需要使用英文的地方很多！投資英文，絕不吃虧！

本章學習目標

藉由本課程學習專業商務電子郵件信件寫作的格式、方法與技巧，建立/加強你電子郵件信件的寫作能力，讓你樂在工作。

It is important to have good business English writing skill, because

1. Customers see your writing more than they see you.
2. Good writing skills show that you really care.
3. Good writing skills contribute more forcefully to arguments/persuasion/selling.
4. Good writing skills reduce risk of losing a customer or damaging a customer relationship, and foster good relationships with colleagues.

Business writing is different, because (a) business writing is goal-oriented; (b) business writing takes place in real time; (c) the writer is responsible for successful communication and (d) a business message should present the writer, his company, and his department, in a favorable light.

一、寫作基本功

When you writing in English for an email or a short article to communicate with others, you should consider what kind of message you want to convey with your counterpart. Just like you speak with others, you don't want to confuse them, so your English in speaking usually is simple and short. Similarly, you also can make your English in writing short and sweet.

First, you should have a topic, a subject or a theme for the email, the letter you try to write.

Second, try to digest the content of your material in a more organized way; put it this way, you can convey your message by key points, say 1, 2 and 3. Do not try to cover too many messages in one short article, or making a short speech. People won't remember what you said or what you wrote if you have too many things to cover.

Third, respond on a timely basis – it is important to communicate on timely basis especially when there is a due day for reply.

四個要領

1. 立意深刻,取材確當。
2. 結構井然,轉承有序。
3. 詞意暢達,描摹細膩。
4. 遣字正確,標點恰當。

五個訣竅

1. 開頭:要引起閱讀者的興趣。
2. 正文:要多舉實際有說服力的例子。
3. 結尾:要首尾相互呼應。
4. 結構:要段落銜接流暢。
5. 文句及格式:要通順、簡潔、扼要、有重點。

美國訓練與發展協會 (American Society for Training and Development) 指出,在職場上撰寫專業電子郵件,必須注意以下七點:

＊直接切入重點
＊善用主題欄
＊清楚告訴對方你的期望
＊容易閱讀的形式
＊慎選收件人
＊檢查郵件語氣
＊最後總檢查

1. 直接切入重點

盡可能在第一段就說明主旨,切勿將重要訊息放在郵件第二頁,因為大部分的人並不喜歡閱讀冗長的電子郵件。

2. 善用主題欄

主題欄應該寫明電子郵件的主旨,例如,會計部門需要購買新的辦公桌,讓收

件人一目了然，並且知道郵件是否具有急迫性。主題欄過於模糊，容易遭到收件人忽略，甚至刪除。

3. 清楚告訴對方你的期望

不要讓收件人在看完郵件後，仍然不知道你寄發電子郵件的目的。

4. 容易閱讀的形式

郵件中段落不宜過長，可以採點列方式濃縮資訊，並且適時在郵件中增加空白處，以減少收件者在閱讀時的壓迫感。

5. 慎選收件人

只寄送郵件給相關者，常常隨意四處散發電子郵件，別人可能會開始忽略你的郵件。

6. 檢查郵件語氣

寫完電子郵件後，從頭到尾讀一次，注意語氣是否夠專業、郵件中有沒有字句可能引發誤會、用一個溫馨的開頭或結尾會不會讓對方的感覺更好些等。

7. 最後總檢查

按下寄送郵件的按鈕前，確定郵件中有無錯字、標點符號使用是否有誤，以及是否將所需附件附上。

二、明確、簡潔、有條理 (BE CLEAR, CONCISE, AND ORGANIZED)

1. Organize material exactly as they do

- When your clients present information in a specific way, follow their lead and organize your response to mirror their structure.
- Overview first, pricing last – When format is left up to you. It's best to include an executive summary up front and save the dollar signs for the end.

- First thing first – Emphasize critical selling points at the beginning of each section or response. Don't make clients wait to get the heart of your sales pitch.
- In business you get what you want by giving other people what they want.

2. Use Headlines
    - Be a headliner – Write for readability, and use heads and subheads to keep your clients from drowning in a sea of black and white.
    - Make it easy to find information – Like a Web site, headings and subheadings call out important information and make it easy for your clients to locate.
    - Obvious is oblivious – Heads and subheads have more impact when you go beyond the literal and use them to highlight your key selling points.

3. Address all sub-questions individually
    - Don't just answer the question – Answer every question individually, no matter how general. Try to put a new spin on each response without too much repetition.
    - Use every chance to sell yourself – Look at each response as an opportunity to promote your product or service to your clients and show them how they benefit.
    - Every question we answer leads on to another question. Be careful.

4. Answer it each time it comes up
    - Don't cheat, repeat – Don't leave your client searching for answers. Repeat your responses if your client repeats their questions.
    - Avoid a second term – Use consistent terminology throughout the proposal.

5. Put it in the appendix
    - Appendix items let clients "learn more" – Get your key selling points across in the main proposal, but put supporting documents in the appendix for clients to retrieve additional information.
    - Move it to the back – Detailed documents and lengthy reports such as case studies and annual reports are valuable pieces of information that find a good home in the

appendix.

6. Sound like a well-informed friend
    - Set a friendly tone – Portray yourself as an informed friend who can talk about your product or service in terms of how it benefits the client.
    - Talk (discuss) with the client, not just tell them – Use language that is client-focused, with examples that demonstrate your knowledge and understanding of their goals and objectives.
    - Know it all, but don't be a know-it-all (萬事通) – Let the clients be the experts and you'll send a powerful message that facilitates true partnership.

7. Stick to the point
    - Quick, clear and concise – Get to the point right away and include only the information that supports your initial statements.
    - Be active, not passive – Writing in active voice gets your point across more effectively and uses fewer words.
    - Enhance readability by keeping your sentences short and limiting your paragraphs to just a few sentences.

8. Get rid of jargon
    - Write your proposal for the average reader, avoiding terms that are highly technical or use only in your organization.
    - Speak their language and avoid your jargon (行話).

9. Pay your attention on grammar, spelling, and punctuation
    - Show attention to detail – Errors in grammar, spelling, and punctuation distract from your message and demonstrate a lapse in the quality and care you're trying to convey to your client.
    - Make proofreading a priority – No matter how pressed for time you may be, schedule time to make sure your document is comprehensive, consistent, and grammatically

correct.

10. Go to extraordinary lengths to follow instruction

- Go in the right direction – One of the most common complaints clients have is that proposals don't follow their directions. Make sure your proposal is the one that does.
- Read, learn, do – Make sure that from the very start you've read and understood and are prepared to follow the directions.
- Check and double check – As part of your editing and review process, make sure you've followed each and every instruction, to endure your proposal is decisively poised to win the deal.

三、發請求電子郵件

A request email is a message asking the receiver to do something. Write a request email when you think the receiver may already be willing to do as you ask without having to be persuaded.

- Focus immediately or very soon on the information you need. Make your call for action at or near the opening of the email. Be specific about what you need, including dates, amounts, names, approvals, or appropriate format of the information.
- Tell why you need the information if the reason is not obvious.
- Emphasize due dates. Phrases such as "at your earliest convenience" or "as soon as possible" seem polite, but they make it easy for the reader to delay answering; if you have a due date in mind, say so. For special emphasis you can put the due date in a paragraph by itself. Avoid a demeaning tone if the reader's response is optional.
- Supply any further forms, information, contact names and numbers, or attachments so the reader can respond quickly and easily.

四、回覆電子郵件

A reply email provides the information that has been requested.

- Thank the reader for the inquiry.
- Mention immediately or near the beginning the information you are providing.
- Mention anything you can't send and explain why.
- Offer to help the requester in some other way. What information can you provide? Can you refer the requester to someone else who may be able to help?
- Express appreciation and invite further inquires if that is appropriate.

五、該做、不該做

1. Email often seems to be closer to a telephone conversation than to a formal letter. Nevertheless, too much informality in terms of the language you use is not a good idea in business situations – especially when you're writing to people inside your company at higher levels than you, and when you're writing to people outside your company, such as customer or vendors.

2. How many times have you sent out an email, and then realized that, once again, you forgot to add the attachment? When you first open a new email window, add your attachments before you start writing the email. Make this a habit, and you'll never forget the attachment again.

3. Your Subject Heading is very important. Try to make it specific so that your reader can find it easily. Subject Headings such as "need your help" or "a special request" don't help. If you are not sure what to write, then write a longer, more specific Subject Heading, rather than a shorter one. Your reader will appreciate it if they need to search for your message three months later.

4. Be careful about using bold, underlining, or italics. Even if your system can read

them, there's no guarantee that your recipient's system can.

5. Use the Urgent / Priority marks (!) in Outlook sparingly. If you use them too much, people will begin to ignore them – and your emails.

6. AVOID TYPING YOUR MESSAGES IN ALL CAPITAL LETTERS, LIKE THIS. It's rude – like shouting constantly. And, like constant shouting, it makes people stop listening. All caps may be used, IN MODERATION, for emphasis.

7. Don't click "send" too fast. Take a good look at the whole email again. Spell check won't catch "four" when you mean "for", or "your" when you mean "you're". Careless emails give the reader the impression that you – and maybe your company – are also careless.

六、寫得有說服力

1. Get agreement up front
    - Address issues early on – Before you begin writing, make sure you have all the information you need to create a proposal that gives your clients what they want.
    - Don't be shy, clarify – Talk to your clients about any questions you have and gain valuable information in the process.

2. Involve the experts
    - Don't work alone—Involve a team of experts who will help you propose the best solution for the client.
    - Delegate to make it great – For content that accurate, detailed and timely, ask the experts for assistance in drafting the proposal or presentation.
    - Pull it all together – Integrate responses from your experts to ensure consistency, comprehension, and focus on client needs.
    - If you wish to succeed, consult three people.

3. Read between the lines

- Successful sales efforts often require that you read between the lines (弦外之音) to determine a strategy that satisfies clients' needs that aren't explicitly stated.
- Look for hidden messages – A question isn't just a question. It's also a subtle way for clients to obtain specific, revealing information from you.

4. Write for your audience

- Write for a specific audience – Understand that every clients is unique, and tailor your content accordingly.
- Know your client – Learn as much as you can about your client and the organization before you begin creating your proposal.

5. Focus on a theme

- Sing your theme song – Determine the one thing your clients want to hear from you and make that your theme throughout your proposal.
- Be specific – Horn your theme so that it's directly relevant to the client's needs, and substantiate any claims you make.
- To produce a mighty book, you must choose a mighty theme.

6. Use their questions to frame your benefits

- Go beyond "just the facts" – answer clients' questions directly, but also include information that demonstrates the unique benefits of choosing you as their vendor.
- Exceed expectations – Responses that show you "exceed" rather than just "meet" your clients' need go a long way toward establishing your organization as the clear winner.

7. Detail your qualifications

- Clients won't "take your word for it" – Give them a detailed description of your experience and qualifications.
- Be convincing, not vague – Vague assurances aren't as effective as specific examples

- and real evidence of your experience and qualifications.
- We judge ourselves by what we feel capable of doing, while others judge us by what we have already done. (Henry Longfellow, U.S. poet)

8. Draw on industry experience

- Use real-life examples – This is often the best way for clients to see how you'll work for them.
- Tell a great story – Know the client's need and use the experts in your organization to create relevant examples of your work.

9. Prove your capability

- Bring in the outsiders – Supporting information from impartial (公正的), outside sources helps your clients see you're not the only who thinks you're the greatest.
- Be an information gatherer – Create a library of internal and external information you can use to make a convincing argument for your achievements and keep it current.
- Well done is better than well said. (Benjamin Franklin)

10. Use endorsements to make your case

- The past dictates the future – Your client's best glimpse of how you'll work for them often comes from taking a look at how you've worked for customers in the past.
- Endorse, of course – Include testimonials and references in your proposal to support key strengths and successes.
- Obtain permission from your customers before using their testimonials or including them as a reference, and make sure they're still your number one fans when they talk to your client.

11. Show them how they benefit

- Winning proposals are more than a description of what you do – Talk about what you can do for your clients and why you are the superior choice.
- Customize language to focus on client needs – Understand your client's business

and make sure every feature or benefit is related specifically to solving a problem or fulfilling a need.

- Write from the client's point of view – Your proposal should be written and structured from the client's perspective, giving them information that is customized, persuasive, and relevant to their decision-making process.

12. Stand out as uniquely qualifies

- Differentiate yourself – Don't blend in with the crowd. Give your clients a reason to choose you over the competition.
- Be convincing – Talk about your differences, and use persuasive content that is highly relevant to your audience.
- Everything perfect in its kind has to transcend it own kind, it must become something different and incomparable. [(Johann Wolfgang von Goethe) 歌德]

13. Pull the best from old winners

- Different proposals for different clients – The degree of standard content customization depends on the situation, but always personalize at least one aspect of your proposal.
- Read it word by word – Use of existing content for a new proposal is wrought with pitfalls, unless you read the proposal carefully and make sure content that has worked in the past is going to win in the present.

腦力激盪、實務精進

❶ 上網查詢有關中英文商業信件的範例資料。
❷ 寫一封回答其他公司詢問自己公司產品詳細功能與購買方式的中文電子郵件，並翻譯為英文。
❸ 寫一封向其他公司推銷自己公司產品的中文電子郵件，並翻譯為英文。

Chapter 10

成功的談判技巧
SUCCESSFUL NEGOTIATION SKILL

本章學習目標

藉由本課程
1. 瞭解談判的意涵、價值與其應用,建立有關於談判的基本知識。
2. 瞭解談判前的準備工作,培養出凡事豫則立才能圓滿成功的好習慣。
3. 學習談判的策略與技巧,提高談判雙贏的時效與能力。

- 談判是心理學，解讀對方需求；
- 談判是技巧，化解敵對、處理問題；
- 談判是藝術，積極溝通，求取平衡；
- 談判是戰術，需擬定策略，事先規劃。

談判是為了達成一個共同決定而來回溝通的過程。談判是彼此對立的團體相互靠近，直到抵達雙方都能接受的位置的一種行為。(Gavin Kennedy)

在積極追求成功的商業市場，每一個人都需要運用談判締造商機，如資源分配、交易買賣、銷售過程中的條件談判，乃至於勞資雙方的談判協議等等。

商業談判是如何使自己擁有籌碼與人談判。以商業來說，用談判還不如說是如何使自己的局勢比人強，得到自己所想要的東西的一個方式。比如說：如果以店家與顧客來說，總會碰到有人喜歡殺價，而店家所想要的是把物品以高價賣出得到最高的利潤，但是以顧客來說，則是希望以最低的價格買到最好的物品，所以店家該用什麼方式來獲得最高利潤，這時店家可以先把原本要賣 NT$499 的衣服故意先喊價到 NT$599，讓顧客殺價，等顧客殺到 NT$499 再以一種無奈的口吻成交。事實上這個過程就是一種談判的技巧，顧客殺了 NT$100 原以為賺到，而店家也如願以償以 NT$499 賣出得到預期利潤，這也算是一種談判技巧。

企業間靠談判來交換資源利益或是結盟合作來開創更大的機會。「談判能力」是一個企業能否在競爭環境中取得較佳優勢的一個重要關鍵。而銷售人員在激烈的競爭中，擁有優勢商業談判的能力來增進談判技巧。不但是積極達成交易的重要職能，也是企業提昇競爭力的方法與手段。而談判需要有策略的指導以及純熟技巧的運用才能得到你所預期的結果。

一、談判的基本概念

1. 不要與沒有實權的人進行談判。
2. 要有妥協的心理準備。
3. 原則是不可妥協的。

4. 談判時要保持冷靜。
5. 談判要面對面溝通。
6. 要清楚知道談判對手的姓名。
7. 不要低估談判對手。
8. 維護談判的機密性。
9. 談判不是我贏你輸，談判要追求雙贏。
10. 每一個談判終了時，給予對方正面的評價。

海基、海協兩會協商十六字原則：
平等協商，善意溝通，積累共識，務實進取。

平等協商：就是在商談中雙方要平等相待，不要把自己的意志強加於對方；
善意溝通：就是在商談中充分考對方的實際情況，多從善意的角度理解對方的想法，消除不必要的疑慮；
積累共識：就是要不斷擴大共識，縮小分歧，這樣才能取得更多更大的成果；
務實進取：就是實事求是地尋求雙方都能接受的解決辦法，真正解決問題，做到行穩致遠。

與適當的對象談判

談判必須找「對的人」談，可是我們接觸的對象，從大公司的業務代表、業務各級主管、經理，到小公司的副總經理、總經理甚至董事長，都有可能，名片的頭銜通常等於其權限的大小，除此之外，最常被忽略的是，其人格特質也可能相差甚大。因此，可以從企業規模來判斷對方派出的人員是否恰當，盡量跟具有實際權限的人談，甚至可以應用一些技巧，例如善意的刁難，逼迫對方派出更高位階的人員，至於過濾方式，只要多問一些關鍵性的問題，就可知道答案。為了避免對方胡亂承諾、信口開河，同一件事可由正面、反面提問來確認。避免與不適當的人員談判，除了因為對方可能無權決策外，也可避免我方底牌過早洩漏，或是對方轉達出現錯誤。

談判的三個階段
1. 談判前的準備：
   - 知己、知彼、造勢。
2. 談判中的運作：
   - 開場佈局、中場攻守、收場施壓。
3. 談判後的跟進：
   - 確認談判協議、加強雙方關係、自我評估改善、發展後續機會。

二、談判前的準備

「凡事豫則立，不豫則廢。」豫就是準備的意思，做任何事情只要有準備，成功機會就比較大；相反地，如果沒有準備，失敗的機會就比較大。對這句話，我們在學生時代體會最為深刻，通常有準備的話，考試成績自然比較好，沒有準備的話，考試成績相形較差。考場如此，商場上做生意也是同樣的道理。

例如，因為工作上的關係，每年都有幾次要和日本馬自達(Mazda)汽車公司、韓國Kia啟亞汽車公司談判進口零件價格。因為每年採購的金額相當龐大，因此談判結果愈發顯得重要。尤其日本的價格行銷策略是依市場訂價，能在當地市場賣好價錢，則價格盡量訂得偏高。

台灣就是被日本價格訂得比較高的市場，而基本上，最後的交易價格還是靠雙方談判出來的，因此如何談出一個能被雙方同時接受的價錢就非常重要。而我們通常都比較重視談判的過程和談判的結果，以致疏忽了談判前的準備工作。

以筆者個人的體驗而言，談判前的準備工夫，常會影響談判過程和談判結果。準備工夫下得深，談判自然順利多了。談判會議最容易犯的毛病就是各說各話，對事情沒有深入瞭解，遇到問題懸而不決，擱置到下次會議再談，使得談判會議冗長，曠日費時，非常沒有效益。

解決的辦法是：除了瞭解雙方的立場和尋求解決之道外，同時在談判前就談判內容可能產生的問題，事先蒐集資料，用Q&A (Questions and Answers)的方式，先模擬演練，找出可行的方案。

在會議上當對方提出問題時，便能馬上提供答案，談判自然順利多了。像美國總統記者會，幕僚作業早就把記者可能提出的問題和準備答覆的內容準備好，在記者會上，記者提出什麼問題就有什麼答案，自然事半功倍，水到渠成。

以前一般人談生意往往偏重於招待客戶，很多生意就在酒酣飯飽之餘達成交易。現代企業經營就事論事，商業談判就是商業談判，要想談判成功就得多準備，多下工夫，所謂怎麼收穫，先看怎麼栽。

談判前，要把對方的情況做充分的調查瞭解

＊分析他們的強弱項。
＊分析哪些問題是可以談的。
＊哪些問題是沒有商量餘地的。
＊還要分析對於對方來說，什麼問題是重要的。
＊以及這筆生意對於對方重要到什麼程度等等。
＊同時也要分析我們的情況。

假設我們將與一位大公司的採購經理談判，首先我們就應自問以下問題

＊要談的主要問題是什麼？
＊有哪些敏感的問題不要去碰？
＊應該先談什麼？
＊我們瞭解對方哪些問題？
＊自從上一次最後一筆生意，對方又發生了哪些變化？
＊如果談的是續訂單，以前與對方做生意有哪些經驗教訓要記住？
＊與我們競爭這份訂單的企業有哪些強項？
＊我們能否改進我們的工作？
＊對方可能會反對哪些問題？
＊在哪些方面我們可讓步？我們希望對方做哪些工作？
＊對方會有哪些需求？他們的談判戰略會是怎樣的？

回答這些問題後，我們應該列出一份問題清單，要問的問題都要事先想好，否

則談判的效果就會大打折扣。

　　以下是一些談判的技巧：

1. 凡事豫則立，不豫則廢；要有備而來。
2. 切實蒐集完整相關的資料。
3. 早起的鳥兒有蟲吃，先實地勘察。
4. 慎選談判之時間。
5. 選擇談判的場所與擺設。
6. 避免在公開場合談判。
7. 盡量讓參加談判的人數減到最少。
8. 盡量令雙方談判人數相等。
9. 使用雙方聽得懂的語言進行談判。
10. 在談判會議中爭取首席位置。

三、談判的策略與技巧

談判三大重點
1. 談判的開場佈局
2. 談判的中場攻守
3. 談判的收場施壓

談判的要領
1. 探索瞭解對方真正的需要。
2. 採取主動 (Active)。
3. 要有彈性 (Flexible)。
4. 不要令會議偏離主題。
5. 不要拖泥帶水。
6. 在可能範圍內為對方著想。
7. 可先對細微問題稍加讓步。

8. 延緩討論敏感性問題。
9. 暫緩討論關鍵性問題。
10. 在適當時機提出你的要求條件。
11. 打破緊張氣氛。
12. 不要催促對方作決定。
13. 以肯定性措辭表示不同意。
14. 澄清每一個獲致協議之項目。
15. 要未雨綢繆，留有餘地 (back-up plan)。
16. 切莫以否定性話語結束會議。
17. 要做會議記錄 (meeting minutes)。
18. 預約下一次會議。

　　商業談判要想成功，就得掌握談判技巧。商業談判實際上是一種對話，在這個對話中，雙方說明自己的情況，陳述自己的觀點，傾聽對方的提案 (proposal)，並做反提案 (counter proposal)，互相讓步，最後達成協定。掌握談判技巧，就能在對話中掌握主動，獲得滿意的結果。在「貿易的談判技巧」中提到我們應該掌握以下幾個重要的技巧。

第一個技巧是多聽少說
　　缺乏經驗的談判者的最大弱點是不能耐心地聽對方發言，他們認為自己的任務就是談自己的情況、說自己想說的話和反駁對方的反對意見。因此，在談判中他們總在心裡想下面該說的話，不注意聽對方發言，許多寶貴資訊就這樣失去了。他們錯誤地認為優秀的談判員是因為說得多才掌握了談判的主動。其實成功的談判員在談判時把 50% 以上的時間用來聽。他們邊聽、邊想、邊分析，並不斷向對方提出問題，以確保自己完全正確的理解對方。他們仔細聽對方說的每一句話，而不僅是他們認為重要的，或想聽的話，因而獲得大量寶貴資訊，增加了談判的籌碼。

　　有效地傾聽可以使我們瞭解對方的需求，找到解決問題的新辦法，修改我們的 offer 或 counter offer。「談」是任務，而「聽」則是一種能力，甚至可以說是一種天分。「會聽」是任何一個成功的談判員都必須具備的條件。在談判中，我們要盡

量鼓勵對方多說，我們要向對方說："Yes"，"Please go on"，並提問題請對方回答，使對方多談他們的情況，以達到盡量瞭解對方的目的。

傾聽，主要是為了幫助你瞭解事實，去聽別人的陳述，接受這些訊息。聽的時候就是取得資訊 (input)，聽完之後要有獨立思考、判斷的能力，然後再加以整理、綜合、歸納，這就是資訊處理的過程 (process)，綜合這些過程後才會出現決策 [decision making (output)]。企業中高階主管就是要在開會時綜合大家的意見，做出這些整理、綜合、歸納的工作。不過，很重要的一點是，傾聽還可以扮演察言觀色的功能，正所謂「聽其言、觀其行」，要傾聽對方說的話，才知道對方要表達的意思。

第二個技巧是技巧性的提問

談判的第二個重要技巧是技巧性提出問題。通過提問，我們不僅能獲得平時無法得到的資訊，而且還能證實我們以往的判斷。賣方應用開放式的問題來瞭解對方的需求，因為這類問題可以使對方自由的暢談他們的需求。例如："Can you tell us more about your company?" "What do you think of our proposal?" 對方的回答，我們要把重點和關鍵問題記下來以備後用。

「提問」是很重要的技巧，會發問的人很容易找到你要的話題，甚至是遇到自己不太清楚的狀況，只要有技巧地發問，還是可以從別人身上聽到寶貴的訊息。為了培養自己的提問力，不妨可以在聽一場演講時，用筆將重點圈選出來，並將問題寫出來。也就是說，在提問之前，需要對對方所說的話先思考清楚後，再進行發問。在提問的過程中，一方面藉由提問瞭解對方的想法，但也從提問的過程中，把自己的想法告訴對方，形成對話，就能讓對談暢通下去。

談判中對方常常會問："Can you do better than that?" 對此發問，我們不要讓步，而應反問："What do you mean by better?" 或 "Better than what?" 這些問題可使對方說明他們究竟在哪些方面不滿意。例如，買方會說："Your competitor is offering better terms." 這時，我們可繼續發問，直到完全瞭解競爭對手的 offer。然後，我們可以向對方說明我們的 offer 是不同的，實際上要比競爭對手的更好。如果對方對我們的要求給予一個模糊的回答，如："No problem"，我們不要接受，而應請他

作具體回答。

此外，在提問前，尤其在談判初期，我們應徵求對方同意，這樣做有兩個好處：一是若對方同意我方提問，就會在回答問題時更加合作；二是若對方的回答是"Yes"，這個肯定的答覆會給談判製造積極的氣氛並帶來一個良好的開端。

第三個技巧是使用條件問句來進一步瞭解對方的情況

當雙方對對方有了初步的瞭解後，談判將進入討價還價階段。在這個階段，我們要用更具試探性的條件問句進一步瞭解對方的具體情況，以修改我們的立場。條件問句 (conditional question) 由一個條件句和一個問句共同構成。典型的條件問句有 "What...if" 和 "If...then" 這兩種句型。例如："What would you do if we agree to a two-year contract?" 及 "If we modify your specifications, would you consider a larger order?" 在國際商務談判中，條件問句有許多特殊優點，說明如下：

1. 互作讓步：用條件問句構成的 offer 和提案是以對方接受我方條件為前提的，換句話說，只有當對方接受我方條件時，我方的 offer 才成立，因此我們不會單方面受到約束，也不會使任何一方作單方面的讓步，只有各讓一步，交易才能達成。

2. 獲取資訊：如果對方對我方用條件問句構成的報價進行還價，對方就會間接地、具體地、及時地向我們提供寶貴的資訊。例如：我方提議："What if we agree to a two-year contract? Would you give us exclusive distribution rights in our market?" 對方回答："We would be ready to give you exclusive rights provided you agree to a three-year contract." 從對方的回答中，我們可以判斷對方關心的是長期合作。

3. 尋求共同點：如果對方拒絕我們的條件，我們可以另換其他條件構成新的條件問句，向對方作出新的 offer。對方也可用條件問句向我方提出 counter offer。雙方繼續磋商，互作讓步，直至找到重要的共同點。

4. 代替說 "No"：在談判中，如果直接向對方說 "No"，對方會感到沒面子，雙方都會感到尷尬，談判甚至會因此陷入僵局。如果我們用條件問句代替 "No"，上述的情況就不會發生。例如：當對方提出我們不能同意的額外要求時，我

們可用條件問句問對方："Would you be willing to meet the extra cost if we meet your additional requirements?" 如果對方不願支付額外費用，就拒絕了自己的要求，我們也不會因此而失去對方的合作。

為了避免誤會，我們可用釋義法確保溝通順利進行。釋義法就是用自己的話把對方的話解釋一遍，並詢問對方我們的理解是否正確。例如，對方說："We would accept price if you could modify your specifications." 我們可以說："If I understand you correctly, what you are really saying is that you agree to accept our price if we improve our product as your request." 這樣做的另一個好處是可以加深對方對這個問題的印象。

最後，為確保溝通順利的另一個方法是在談判結束前作一個小結，把到現在為止達成的協議重述一遍並要求對方予以認可。小結一定要實事求是，措辭一定要得當，否則對方會起疑心，對小結不予認可，已談好的問題又得重談一遍。總之不少國際商務談判因缺乏談判技巧而失敗。進出口商通過培養傾聽和提問的能力，通過掌握上述的技巧，就可以在談判中掌握主動、獲得滿意的結果。

四、談判時應注意的事項

自我約束

1. 要守時。
2. 要有禮貌。
3. 不要吹毛求疵，挑剔細節。
4. 要有耐心，不要心急。
5. 要有條理。
6. 不要逼人太甚。
7. 不要口無遮攔。
8. 不要令人感到難堪。
9. 不要顯示敵對的態度。

10. 不要貶低他人來抬高自己。

察言觀色

1. 觀察對方周圍的人事物。
2. 觀察對方的態度。
3. 注意聽對方的話並做筆記。
4. 對他人情緒的變化保持高度敏感。
5. 以冷靜處理對方的挑釁。

談判九誡

1. Everything is negotiable!
   凡事好商量，什麼都可以談。

2. Never pay the "window sticker price". Don't be easy to get.
   不要照著二手車車窗所貼價格付款，多討價還價。

3. Start high and nibble like crazy.
   大餅先定大一點，再逐步啃噬，迂迴漸進。

4. No free gifts! Trade! Use the big "If".
   天下沒有白吃的午餐，多設想不同的狀況。

5. Start slowly and be patient.
   慢慢開始，對談判要有耐心。

6. Use/beware the power of legitimacy.
   善用法律的力量，同時也要小心。

7. Make small concessions, especially at the end.
   談判結束時，適當的作小讓步。

8. Keep looking for creative alternatives.
   不斷尋覓其他可能替代的方案。

9. Leave your opponents feeling they have done well.
   讓對手覺得他們談判的能力還不錯。

五、談判案例分享

Case 1. Mazda, Suzuki, Kia billing negotiation

Case 2. ROC Customs duty penalty negotiation

Case 3. Local material negotiation

- David negotiated US$136 million (average US$19.5 million per year) billing price reductions from Mazda, Kia and Suzuki.
- Negotiated and completed Mazda Taiwan Distribution Synergy and Jaguar Taiwan Distribution Synergy.
- David negotiated away ROC Customs duty penalty by US$26.6 mils – most noteworthy and unexpected was the time and effort invested to address a Customs inquiry on FLH BU product import valuations.
- FLH is run as a free-standing entity developing unique business relationships with suppliers and partners, David is our lead negotiator in many instances and has forged lasting and efficient partnerships. He is tough, but fair and has saved FLH a significant amount of money. David makes a positive contribution to the success of FLH and is a valued team member. comments from FLH CEO Jeff Nemeth.
- One of David's strengths is persistence and determination. Martin Inglis (Ford corporate EVP in Detroit) mentioned about his impression on David is "drive for results and get the thing done".

在簽定談判協議書之前，切記審查協議書的內容，確定是否與所達成之協議完全一致。

腦力激盪、實務精進

① 以假想自己購屋進行一次模擬購屋行動,從收集賣屋資訊開始瞭解,選出五間目標屋後,與仲介商做第一次的見面,深入瞭解各房屋詳情,寫出你對欲購房屋之瞭解情形、仲介商與賣主之態度與主張。

② 針對上述五間目標屋,剖析並寫出你將如何與仲介/賣主談判,須分別注意哪些問題?採取何種策略和技巧去進行談判?

③ 再見一次或二次仲介商進行談判,一直到最後擇定一到兩間最理想目標屋後,停止模擬購屋之行動,檢討並寫出此次模擬購屋行動中得到的重要經驗。

行為職能
BEHAVIOR COMPETENCIES

Chapter 11

衝突管理
CONFLICT MANAGEMENT

本章學習目標

藉由本課程
1. 認識衝突,瞭解衝突,進而學習「管理」衝突。
2. 瞭解衝突的原因、衝突的類型,知道應該如何處理衝突。
3. 學習解決衝突的方法與技巧,有效調停化解衝突,將衝突的不利影響降到最低。
4. 養成重視組織與溝通,達到預防衝突的發生,提昇工作績效。

在任何一個組織或是企業，合作、競爭和衝突，這三者都可能是同時並存的。衝突管理的重點，就是如何將這三者調適到對組織或是企業最有利的局面。

一、何謂衝突？

衝突是什麼？在鄧東濱老師的「衝突管理」課程中，鄧老師說衝突是指各色各類的爭議，同義詞有瓜葛、糾紛、抗爭等。一般所說的爭議，指的是：對抗、雙方對立立場不一致、不協調，甚至抗爭，這是形式上的意義；但在實質面，衝突是指在既得利益或潛在利益方面擺不平。什麼是既得利益呢？就是指目前所掌控的各種方便、好處、自由；而潛在利益則是指未來可以爭取到的方便、好處、自由。

根據 Hugh Miall 等人，所謂衝突，是指團體之間追求不相容的目標。Louis Kriesberg 也作了類似的定義：兩個或以上的人／團體，至少其中的一方有相當多的人，感覺到彼此的目標無法相容。因此，如果當事人認為彼此並沒有仇恨，就不能算是有衝突；相對地，只要其中一方想要否定對方的存在，即使另一方並沒有同等地敵意，也就構成衝突的事實。

想瞭解衝突是怎樣發生的，要先瞭解幾個和衝突有關的觀念。

1. 合作 (Cooperation)，是指大家朝共同目標努力的過程。
2. 競爭 (Competition)，指的是目標不相容，但某一方對目標之追求，不足以影響另一方目標之達成。比如跑百米，只要大家能夠遵守遊戲規則，誰能以最短的時間，到達目的地，誰就得到冠軍。所以選手之間是處於競爭的狀態。
3. 衝突和競爭相同的地方，在於目標不相容，但衝突指的是某一方對目標的追求，不但足以影響另一方目標之達成，而且正在發揮該影響力之中。以跑百米作例子，如果大家都非常守規則，則參賽者之間就是處於一種競爭的狀態；但是如果我推你一把，你踹我一腳，則參賽者之間就是處於衝突的狀態。其實，一個事件究竟是衝突還是競爭，要看規則是怎麼設計，以及規則是否被所有成員遵守。

在社會、政治、經濟、企業經營的領域內，很多大家原來以為是競爭的局面，

其實都是在衝突。衝突是一種生活方式，無從迴避，也不一定不好。只是衝突過度，會消耗太多資源，使得人們對所處的環境無法做出貢獻。往往為了爭取公司有限的資源，各單位、部門就會各出奇招，於是產生衝突。所以在任何機構中，合作、競爭與衝突都是可能並存的。

　　管理大師杜拉克曾說：「任何組織，如果不能為它所置身的環境做出貢獻，在長期下，這個組織就沒有存在的必要，也沒有存在的可能。」所以講求績效，是現代經營者非常重要的使命。而管理者如果能夠做好衝突管理，對提昇績效應該有實質上的幫助。

　　衝突觀念在最近二十年來有截然不同的轉變，以台灣而言，也有很大的改變。在《EMBA 雜誌》整理編輯的「接受衝突，管理衝突」一文中指出傳統的衝突觀，大概包含以下幾點：

＊衝突是可以避免的。
＊衝突是由於管理者的無能。
＊衝突足以妨礙組織的正常運作，以致無法得到最佳的績效。
＊最佳績效之獲致，必須以消除衝突為前提要件。
＊管理者的任務之一，即是在於消除衝突。

　　然而，當前的衝突觀則和以前的非常不一樣：

＊在任何組織型態下，衝突是無法避免的。
＊儘管管理者之無能顯然不利於衝突之預防或化解，但它並非衝突之基本原因。
＊衝突可能導致績效之降低，亦可能導致績效之提昇。
＊最佳績效之獲致，有賴於適度衝突之存在。
＊管理者的任務之一，即是將衝突維持在適當水準。

　　衝突無所不在，但是不是沒有衝突就是好呢？其實並不見得。基本上衝突之所以會產生，是因為當事雙方有不同的意見時才會產生。也就是說，衝突同時也表現出一種意見的多元。完全沒有衝突與對立有兩種情況：一是這個組織當中的人都有極高的情緒智商或者修養，每個人都可以平和、理性地表達自己的意見，但這種例

chapter 11
衝突管理 CONFLICT MANAGEMENT

子並不多見；另一種情況則是意見、聲音被掩蓋了，人也變得鄉愿了。這個時候組織就會變成一種一言堂式的組織，員工將會變得唯唯諾諾地只會聽令行事，完全失去了創造性與積極性。

組織基層的聲音、基層的問題沒有辦法反映到組織上層。鄉愿的情形也會層出不窮，腐化這個組織。衝突在某種程度上代表一種多元，代表一種真實的聲音，從這個角度而言，衝突有其正面意義。但如果衝突規模過大，或過於激烈也會對組織不利，甚至變成社會問題。例如工會和資方間的衝突演變成工會罷工，造成組織癱瘓。長期的內部衝突則會造成部門間或員工間的對立、打擊員工士氣或造成一種劍拔弩張的緊張氣氛，這些都會對組織內的溝通、協調、合作、運作等產生相當程度的影響。

衝突是不是不好？以開放的角度思考，衝突是好事，在衝突之後，常常會有所改進。美國公司英代爾 (Intel)，是最鼓勵意見衝突辯論的，對現況找出更多的挑戰和改善，所以衝突往往也是改善的開始。衝突管理的準則通常透過辯論 (Debate) 以後，找出更多不同的觀點，Debate 能看到更多看不見的立場和角度，當有人提出不同觀點時，先聽取不同意見與觀點，最後再協商出大家比較一致的看法。不同意見經過聆聽和瞭解後，通常都能得知其動機，關鍵是聽別人的看法和確認問題出在哪裡。

衝突的存在不是沒有好處的。它的潛在好處包括下列幾點：

* 減少工作的枯燥感。
* 增進自我瞭解。
* 為了避免衝突，可以激發個人做好工作。
* 衝突之化解可增進個人聲望與地位。
* 突顯問題所在。
* 促使決策者對問題做深入的思考。
* 可導致創新或變革 (innovation or leading change)。

二、衝突的原因

有兩位武士不約而同的走入森林裡，第一位武士在樹下看到金色的盾牌，第二位武士在同一棵樹下看到了銀色的盾牌，金盾牌、銀盾牌，兩個人為此爭吵不休，氣得兩人拔出劍來準備一決勝負，兩人整整廝殺了幾天都分不出勝負，當兩人累得坐在地上喘息時才發現，盾牌的正面是金色，反面是銀色，原來這是一個雙面盾牌。

衝突的原因包括下列五種：

1. 稀少性資源的爭取
2. 知覺、價值觀及個性之差異
3. 工作之相互依存性
4. 資訊之缺失 (溝通不足)
5. 角色混淆 (Role ambiguity)

角色是指別人對你想當然的期許。每一個人都被賦予許多的角色。但很遺憾的是，社會上有很多角色混淆的情事。原因是：

1. 因為自我定位錯誤，忘了自己是誰。
2. 在其位不謀其政。很多主管佔了企業中重要的位置，卻沒有扮演好主管的角色。
3. 不在其位卻謀其政：很多做幕僚的，遇到問題，忘了自己只有建議權，而沒有裁量權。這就是一個常見的例子。正因為衝突的原因沒有辦法消除，我們只能設法降低衝突的危害度，而無法永遠消除衝突。

三、衝突的類型

除非你不需要和其他人共事，不然每天每日或多或少都有一些觀念上或是認知上的差異，我們稱這些為衝突現象，意見不同時，是觀念衝突；不認同利益時，是利益衝突；不認同權力時，是權力衝突；掌管範圍不同時，是範圍衝突。有衝突時，

我們至少要先能理解，這是哪一類衝突。在意見不同時，是因為知識和經驗有所品質不同，權利和利益類的衝突，會和慾望及職位有關係。

李景美在「衝突與管理」一文中提到，衝突的類型有三。

1. 任務衝突 (Task Conflict)

每個人對工作內容與工作目標有不同的意見或觀點。表現出激烈的討論或個人情緒上的激動。

關係衝突的影響：

＊衝突雙方無法信任對方。
＊人際間仇恨的焦慮情緒，降低彼此的瞭解、阻礙溝通、降低凝聚力。
＊抑制成員的認知功能，無法專心工作，導致效能降低及品質變差。
＊個人工作滿意度降低，未來再合作的可能性也減少。

2. 關係衝突 (Relationship Conflict)

人際之間互動關係上的衝突。情緒上或人際間的不協調，如感到與他人的關係是充滿緊張不安的情緒，或與人發生摩擦。是個人的負面感受，如不喜歡團隊中的某個成員，或是感覺到被他人激怒的生氣情緒。

任務衝突的影響：

＊中度或適當的衝突，有助於討論如何完成一複雜的認知工作
＊對最後的產品及內容，提出不同的看法與建議
＊集思廣益，提昇決策的品質與績效
＊可矯正「團體迷思」
＊促進新觀念的產生
＊減少考慮不夠周詳的決定，提昇團體的生產力

3. 過程衝突 (Process Conflict)

衝突是成員對工作該如何被執行有不同意見。包括：工作的指派、責任的歸屬及資源如何分配運用。如誰該做什麼事、要負多少責任。

過程衝突的影響

若在工作指派之初出現衝突,則有機會討論工作如何指派與責任的分配,使成員對工作的決定,有高度的瞭解與承諾,會共同遵守如何互動及處理執行的細節,進而增加組織的效能;但若在工作將完成時出現衝突,則將傷害組織工作的平順度、妨害工作的品質,也會誤導焦點於成員能力等無關之問題上,破壞了人際的關係。

四、衝突管理的步驟

處理衝突所應具備之心態:

* 認知的衝突不一定是感到的衝突。
* 維護當事人之自尊,最少要維持貌合神離。
* 處理的焦點應集中在問題而不是集中在人物,把人與事情分開,避免非理性的反彈。
* 移情設想,設身處地,要取得諒解。
* 化解是基於利害的考量,而非基於立場的考量。

衝突管理的五個步驟

步驟 1. 開始——從開始瞭解問題、研討衝突管理事務之決定、對何種資訊需收集或交換瞭解、對參與改善者關係及可改善之認知等。

步驟 2. 數據收集及分析說明——以觀察、記錄、面談與問卷等取得相關爭端內容及人員間關係,供規劃階段之參考。

步驟 3. 策略規劃擬定——規劃雙方可接受仲裁方案與全面瞭解衝突因素。

步驟 4. 執行策略建立程序共識——對內宣佈利益及替代方案及決策與對內教育及組織。

步驟 5. 協議——包括保持協議之執行、監測系統、處理程序等。

以調停化解衝突則建議要注意下面的步驟:

1. 將衝突雙方約到隱蔽地方見面,述說仲介者所觀察到的衝突行為,以及表明高度的關注。
2. 輪流讓每一方在不受對方干擾之下,述說己方對衝突的看法與感受。
3. 仲介者應積極地聆聽雙方之話語。
4. 令每一方均確切瞭解對方之觀點與感受。
5. 仲介者指出雙方意見、觀點、動機、目標……等相同的地方,並強調雙方之相互倚賴關係。
6. 令雙方提出化解衝突之意見。
7. 令雙方對化解衝突之步驟或條件達成協議,並決定追蹤方式。
8. 仲介者應對衝突事件進行追蹤。

這種次序在進行之後若仍無法化解衝突,可以隔一段時間再重複進行。總而言之,不管是衝突當事人或是仲介者,要根據當事人的利害考量,來研擬並執行雙贏或多贏的策略。但在化解衝突過程中,有好的策略、有正確的理念,還需要有良好的溝通協調技能。如果沒有良好的溝通與協調,衝突的化解將遙遙無期。

衝突管理的重點,就在於建立既得利益或潛在利益上之共識:

什麼叫作建立共識?讓你的看法、做法與我的看法、做法產生交集,這樣的努力過程就叫作建立共識,亦即同意彼此所同意的事物。但是如果你的看法和我的看法不能產生交集,而我們都如此認定,這也是建立共識:亦即同意所不同意的事物。例如一對夫婦經過溝通協調,決定破鏡重圓,這是建立共識;如果經過溝通協調,覺得還是分開對雙方比較好,這也是建立共識。

究竟應該如何面對衝突?

最重要的是制度的建立和執行,亦即盡可能將衝突納入制度的規範。我們要靠法治而不靠人治,要有一套制度運作,以迴避和降低衝突。制度的存在雖然讓許多人覺得施展不開,但它也是一把保護傘,足以保障我們的作為。在任何社會、公司或家庭中,衝突都無法迴避,所以必須靠一套切合時宜的制度來運作。所以我們最應該關心的,是如何制法和執法,其中很重要的關鍵是:「制法從寬,執法從嚴」。制法從寬,指的是法本身要合情合理。一個合情合理的法,才是從寬的法。只要規

章制度兼容並包含人情和道理的要求，執行起來就要從嚴，不要再講求法外施恩。一套切合時宜的制度，就是我們防範、處理衝突最有效的方法。

在衝突管理中，可以自我鬆弛、自我調適的二十個要領，條列如下作為參考：

1. 按日曆的節奏生活，不要按馬錶的節奏生活。
2. 每天至少規劃出一段閒暇時間。
3. 學習傾聽別人的話語，不要打斷他們的話。
4. 在家裡設法擁有一個可供迴避的安靜地方。
5. 除了工作，至少能培養一種有益身心的嗜好。
6. 每次只專心做一件事，不要在做這件事當頭，考慮下一件要做的事是什麼。
7. 避開那些易於動怒或過分講求競爭的人，以免受他們所感染。
8. 對假期作鬆弛的規劃，使它能隨意改變。
9. 學習選擇性閱讀，避免全面性閱讀。
10. 不要浪費時間去和那些不願領受你的友誼的人交往。
11. 不要成為完美主義者，凡事盡力而為即可。
12. 不要低估生活中單純事物所能提供的真正喜悅。
13. 專注在生活中愉快的一面，以及專注在足以改善你的命運的那些活動。
14. 當你經歷挫折或失敗，設法藉著追溯你過往的成就以重建你對自己的信心。
15. 不要拖延處理那些令你不愉快但非做不可的事，你必須盡快處理它們。
16. 記住：人們生來就有許多不平等之處。
17. 設法以能贏得鄰居的喜愛的方式來生活，你的生活將充滿快樂。
18. 爭取充分的休息。
19. 注意飲食，多做運動。
20. 靜思、靜坐。

五、化解衝突的技巧

解決衝突的七項技巧

1. 提醒你自己你有東西還未知道

瞭解什麼事情在發生；瞭解他人的故事；以開放的態度去認識自己，和你在他人眼中的形象，可能他人會認為你所造成的問題比你想像中還要大。

2. 要清晰是對問題不是對人

將衝突看成是共同要解決的問題，而且要合作一起解決；避免責難及提出對他人負面的意見；講清楚你的感覺；邀請對方協助找出解決辦法；表達意見和情緒的方式是希望能達到滿意結果的過程；記著很多人行動的背後其實是有好的動機，但很多時候只是不懂得如何表達。

3. 你的溝通要清楚、直接及具體

清楚說出你所見、所聞及經歷，如何影響你對現時問題的意見；向對方說出什麼對你是重要的；為什麼它對你這樣重要？你有什麼感覺，你有什麼盼望？要用清楚及具體的話語來表達你的情緒及覺得失望的需要；詢問對方的恐懼及需要，表達出你對這個問題的關心。

4. 保持與對方的接觸

放棄接觸將會令衝突迅速升級；盡力保持現有的溝通；希望關係能夠改善；做一些小事來滿足對方的要求及期望，亦希望對方亦能滿足你的要求及期望。

5. 尋找對方立場背後的需要及利益處

嘗試找出對方具體有什麼要求，若達成後能滿足其需求及利益；試著找出雙方都可以接受的其他方案來達成有關需求及利益；責難、指控及負面意見是沒有技巧地表達不滿的情緒；表達出你明白對方的感受，而不讓自己被對方的攻擊激怒；問自己有什麼價值及需要對你是最重要的，在衝突中記著保持這些價值及需要。

6. 讓對方易於有建設性

不要責備、指控、批評或診斷，避免引起對方的自我保護；表示你的肯定及尊重，當你真的能夠真誠表達時；向對方表示你關心他的需要；負起你對衝突事件的責任。

7. 發展置身事外的觀察能力

全面地回顧衝突的歷史；瞭解有什麼行動會令衝突升級及降溫；提高自己的自覺能力，在下一次衝突事件中可以如何做才能有正面的效果；找一中立者談談，核實你認為正在發生什麼事的印象。對所發生的事要負責任；當問題出現時越早解決越好，令它們不會變成衝突。

六、預防衝突

最後我們來談一談預防衝突。「凡事豫則立，不豫則廢」，豫就是準備的意思，做任何事情只要有準備，成功機會就比較大；相反地，如果沒有準備，失敗的機會就比較大。同樣的，我們一方面在做好衝突管理，一方面也要預做準備，預防衝突。每位主管皆期待其所帶領的員工均能夠「樂在工作」，希望員工站在工作崗位的任何時刻是專注的、愉悅的、奉獻的，但是沒有人可以保證在職場上不會受個人或組織因素影響到對工作的專注與奉獻。尤其針對班長、組長等基層的主管而言，由於面對一線的工廠人員，由於所管轄的同仁屬於企業內最基層的員工，常常有類似以下問題發生：

個案一：問題員工管理
最近發現，王小明自從別的部門調任過來之後，工作表現似乎不如原單位主管說得那麼好，交辦的事情時常沒做好，甚至好像會故意做錯事或消極抵抗，總是不配合，為了不影響產線的作業，身為主管的你該如何管理員工呢？
個案二：新人引導管理
新進員工小美的工作表現還不錯，主管也很欣賞小美，但她對於公司的管理制度及文化似乎無法適應，總是有諸多的抱怨，這時候主管該如何引導小美呢？

> **個案三:新晉升主管的管理技巧**
> 林大忠最近剛從工程師晉升為主任,但對於部屬的管理總是力不從心,因為平時與其他同仁相處得很好,所以會有管不動的狀況,甚至部屬仍我行我素地用自己的方法做自己的事,完全不理會林大忠的管理,林大忠該如何解決他的困境呢?

問題員工的種類與分析

- 常見問題員工偏差行為:日常工作管理、出缺勤管理、離職面談、情緒管理……等。
- 問題員工之所以有問題原因:能力問題的處理、意願問題的處理、資源問題的處理。
- 員工問題分析:問題的類型、問題的表徵、問題背後的問題。

問題員工的處理與衝突化解的方法

- 診斷與處理問題之步驟:消除心防、找出問題、解決問題、追蹤防止再犯。
- 如何處理員工之間的衝突:造成員工之間衝突的基本原因、解決員工衝突的一般方法、如何處理部門之間的衝突、部門衝突的類型及原因分析、處理部門之間衝突的原則等。
- 處理上下級衝突的藝術:處理與上司的衝突、處理與下屬的衝突。

漠視這些「員工問題」的結果,常常累積成我們所不樂見的「問題員工」,形成員工與主管的「衝突」,再進而形成與上階主管的「衝突」,甚至再變成跨部門的「衝突」。因此,是否有方法可以讓問題及早防患於未然?「問題員工處理」訓練可以幫助主管建立適當的溝通、教導與諮詢技能,協助主管與員工建立更好的互動關係,降低因問題員工而造成組織在管理上的困擾,甚至產生組織運作的負面影響。

腦力激盪、實務精進

❶ 寫出你認為是自己在日常生活或工作中最常遇到的衝突情況，剖析並寫出為什麼你認為這些對你而言是最重要的？評估並寫出自己能夠做些什麼去改善這些情況。

❷ 思考並分析自己的態度和行為，其中有哪些是可能產生衝突的原因？哪些是無法解決衝突的原因？分別寫出來，並敘述自我改善的方法。

❸ 對應個人生活上的或工作上的變化，觀察分析不久可能會發生的衝突情況，請詳加說明並提出預防的行動方案。

chapter 11
衝突管理 CONFLICT MANAGEMENT

行為職能
BEHAVIOR COMPETENCIES

Chapter 12

團隊管理
TEAM MANAGEMENT

本章學習目標

藉由本課程
1. 瞭解團隊和團隊管理的意義和重要性,奠定團隊管理的知識基礎。
2. 學習個人在團隊中的運作能力,加強個人以及團隊的整體產能和績效。
3. 學習團隊管理的知識與能力,建立有效能的強大團隊。

一、認識團隊

三個臭皮匠，勝過一個諸葛亮

「三個臭皮匠，能抵一個諸葛亮。」這句名言同樣說的是一種團隊協作。作為團隊中的一員，任何人都不能滿足於自己單打獨鬥所能取得的成就。「『一』只是小數字，難為偉大。」《紐約時報》最佳暢銷書作者，領導力專家約翰‧馬克斯韋爾博士如是說。考察世界上最成功的組織，你會發現其中成功的原因都有一個共同點，那就是有效的團隊管理。馬克斯韋爾說：「所謂團隊領導者的成功，可以定義為對周圍人能力最大程度的使用。」

帶領團隊成功

今日的企業，已不再盛行一夫當關的個人英雄主義，由於知識的瞬息萬變，企業體必須仰賴多人智慧的結合以因應多重的危機與挑戰。因此，對企業而言，團隊的有效運用乃是提高生產力的不二法門，任何階層的領導人都必須瞭解帶領團隊的要領和方法，面對一群各有特性的員工，如何在策略和心理層面上贏得人心，正是關乎一個成功企業是否能讓團隊機制流暢運轉的關鍵，其重要性誠如兵法之於將帥。一個高效能團隊的形成並非一朝一夕的聚合，透過有效而正確的引導，教練就能激發出每位球員適切的潛能並贏得向心力。學習正確的團隊管理方式刻不容緩，因為這技巧會從根本上改變整個企業體的效率和產能，結合孤軍成雄師。

團結的重要

團隊協作裡沒有「我」的概念。這是對團隊協作中無私行為的高度概括。如果一個團隊是高效能的，那麼無私則是絕對的前提。有兩個網球選手，獨自一人時都沒有贏得網球單打冠軍的實力，但是當他們組合成一個雙打搭檔的時候，卻有可能所向無敵；籃球隊中的五位運動員，雖然沒有一個MVP(最具價值的球員)，但是當他們組合在一起卻有可能是一個冠軍的團隊。

團結力量大

在今天競爭如此激烈的全球市場環境下，有效的團隊合作對於一個企業的成功

來說是至關重要的，主要有兩方面原因。首先，大部分企業的工作性質都是以團隊為導向的，主要是由團隊來執行；第二：一個合作得非常好的團隊產生的業績，遠比那些極具才華，但是工作沒有得到很好支援的個人取得的業績要好得多。因此，在一個團隊中，團隊成員是不會因為有個性而受到表揚的。

What is a TEAM?

對於團隊的英文 "Team"，有一個新的解釋：

T — Target，目標；
E — Educate，教育、培訓；
A — Ability，能力；
M — Moral，士氣。

團隊管理中的六個「力」

從團隊 (Team) 所衍生出來的這四個單詞，其實就是團隊管理中所必須注意到的，也是每一個團隊領導和成員所必須意識到的六個「力」：

1. 驅動力
2. 學習力
3. 執行力
4. 活力
5. 凝聚力
6. 殺傷力

什麼是團隊精神呢？

一個團隊如果有好的團隊精神，可以讓組織創造高績效；反之，如果一個團隊欠缺很棒的團隊精神，有可能會讓組織造成很大的衝擊與影響，所以對管理者而言，要如何在組織創造很棒的團隊精神，是一項挑戰，也是他的職責。「什麼是團隊精神呢？」如果用比較直接的話來說：「團隊精神就是團隊每位成員都具備了願意為組織付出與貢獻自我的精神。」

團隊精神──巴菲特要的執行長

所羅門兄弟 (Solomon Brothers) 因為人事問題，陷入破產、重整的窘境。被法院指派的重整人是投資大師巴菲特 (Warren Buffett)，他也是首都 /ABC 廣電集團的最大股東。一天他從奧馬哈飛到紐約來面試新的執行長，行程看來極為瘋狂：每人面試 15 分鐘，連中間休息討論，平均每人半小時。

「半小時怎麼決定一個人是否適合承擔如此重大的責任？」

「會到我面前的候選人，其學經歷都經過千挑百選，不會有問題。……」

「候選人過去的成就其實不是那麼重要，因為未來的挑戰不是靠經驗法則可以解決的……」

「我要看的是三件事：

第一是 **Intelligence** (聰明智慧)，是在混沌的狀況與不完整的資訊中，作出正確判斷的能力。……」

「第二是 **Integrity** (誠信品格)，如若沒有誠信，他的所作所為與投資人有什麼關係，又如何讓企業股東價值極大化？」

巴菲特的第三點讓我們大吃一驚。對於所羅門的未來執行長，我們以為重要的條件是魄力、願景、領導力……，巴菲特卻說：「第三是 **Team Spirit** (團隊精神)，現在的所羅門如激流泛舟，若不能眾人齊心，必定翻覆！」

二、建立成功的團隊

團隊建立是創造成功的不二法門

對企業領導人而言，要如何凝聚企業內部的資源，建立優秀的領導團隊，帶領企業朝向同一個方向努力，可說是在帶領企業前進時最重要的課題，以及面臨的最大挑戰。在領導哲學中，我們將自己定位為球隊教練與隊員的雙重角色，期望每個隊員在球場中都能夠得分。在此情況下，我們的主要任務是根據每個隊員不同的優點，各自分工，讓他們能夠發揮所長。更重要的是，企業領導人絕不能迷信於英雄或超級明星，必須將自己也認定成是團隊中的一份子，才能夠以身作則，建立團體

共識。

如何打造成功團隊

1. 撰寫團隊章程
2. 準確定位團隊所有成員的角色
3. 瞭解你在團隊裡的責任
4. 明確主管在團隊中的作用
5. 學習衝突管理技巧
6. 培養溝通能力
7. 熟練掌握決策制定過程
8. 提倡積極的團隊行為
9. 規劃一個全面的激勵機制
10. 建設積極向上的團隊文化

三、領導團隊

　　身為團隊的領導人，其中的要訣在於不能有架子、高高在上，要能敞開心胸和經營團隊以及員工溝通。在溝通過程中，如果讓員工認為你有架子，就好像中間有了屏障，與員工的溝通就會有障礙，無法聽取員工的意見，更無法建立彼此互重互信的關係，對公司未來的發展將構成重大障礙。在二十餘年的管理經驗與職場生涯中，筆者認為優秀領導人成功的第一要件，在於溝通能力，再加上過人的判斷、智慧、處變不驚的能力，以及對員工的關懷和瞭解。唯有知人善任，才能帶領團隊，將企業的優勢發揮盡致。

經理人團隊管理手冊──建立優秀團隊的關鍵 24 堂課

1. 擘畫清楚的共同目的	13. 尋找共同的看法
2. 瞭解成員具有的能力並釐清責任	14. 練習作出共識決策
3. 花時間訂定規則	15. 運用反對意見
4. 避免可預料的問題	16. 鎮壓衝突病毒
5. 使用團隊憲法	17. 積極地管理差異
6. 教導新成員	18. 彼此信任
7. 合作、合作、合作	19. 開場好會
8. 賦予構想生命	20. 彼此獎勵
9. 產生創造力	21. 定期評估團隊
10. 作出健全的決策	22. 領導而非主宰
11. 不要妥協	23. 尋求協助
12. 發現共識	24. 別放棄

團隊工作流程

- 描繪前景、建立目標
- 組織會議
- 鼓勵參與
- 創造性地解決問題
- 作出決策
- 進行評估
- 獎賞和獎勵

團隊管理的幾個面向

建立共同目標

　　用觀念引導成員，再以實際行動來提昇成員的團隊意識，建立起共同目標，有

了共同努力的方向，也讓大家互信互賴。因為在作業中需要靠大家的互助合作來共同完成，所以要把共同目標導入，每個成員瞭解完成目標是每一個人的責任，而且目標的達成需要靠大家的相互合作。績效目標的設定，配合公司策略及單位經營目標，讓成員遵循績效目標前進。運用這四個面向使單位更有競爭力，唯有個人成長才能讓部門及公司更加茁壯。

用人管理

在用人管理中，從旁去觀察每個人的行為特質，也從溝通中去剖析這個人的個性。其實每個人都有惰性，只是程度上的差異，要改變每個人的惰性就必須透過外力來推動。我運用的是引、拉、推。在引 (direct) 的運用上，站在成員的立場來思考，針對癥結的地方來尋求解決之道，也因此啟發成員做同步的思考；在拉 (pull) 的運用上，明確訂出目標及方向，讓成員能夠見到願景及成功後的受益；在推 (push) 的運用，重點不在行使威權，而在促使行事，著重在追蹤成果，所以主管常扮演那道風，讓成員感覺到這股推力是很自然的。

績效評估

為了建立團隊成員的彼此信賴，導入互相提醒機制，透過每位成員的相互提醒，除了預防品質異常，也增加每位成員的互動，讓彼此提昇信賴，也產生彼此的默契。讀書是從頭到尾，績效目標設定就需要從尾到頭，兩者剛好相反。因為在設定目標中必須先有願景才有計劃，而計劃的推動又和基層員工有很大的關係，所以在績效目標的設定就必須符合成員能夠去執行。在設定目標後的做法是事前與成員溝通，讓大家有共識，而目標就是讓成員能夠發自內心的去行動，才能得到效果。在績效目標的設定及評核中，也要特別著重公平、公正、公開，讓成員能夠欣然接受。

四、激勵團隊

「管理」乃是主管人員將工作「事」交給「人」來做，「事」本身不會做好，而是要靠「人」來做好。人是組織中之重要資源，不容忽視。身為一個管理者，應

從多方面盡可能地瞭解自己及部屬之心態及行為,若能充分善用「人」的資源,則「人和」無疑地對組織的經營績效有莫大的助益。

首先要瞭解部屬的慾望是什麼。下屬為什麼不努力工作?

如果部屬工作不努力,千萬別急著像這樣抱怨:

* 這些沒出息的東西,為什麼就這麼不肯吃點苦、吃點虧?為什麼不願意多付出一點點?為什麼不能把眼光放得長遠一點?
* 這些人的奉獻精神、敬業精神都到哪裡去啦?
* 那就讓他們自我淘汰好了。

深層分析,原因也許是自己還沒有找到讓他努力工作的方法。我們進一步思考問題,下屬有問題,雖然是下屬自己的事,但你也不能因為下屬有問題,就不去改進自己的不是。我們應有的積極思維是:下屬為什麼不努力工作?我如何改變才能讓他努力工作?

我們不妨自我反思,看看是否因為

* 人行動力的兩大根源最終都歸結為:追求快樂與逃離痛苦。因此,下屬不努力工作,是因為他還不知道為何努力工作;你還沒有讓他更直接在感到努力工作會有什麼「快樂」,不努力工作又有什麼「痛苦」。
* 我們還不太瞭解他到底需要什麼,或者還不太瞭解他所要的激勵方式。人的需求不同,激勵他的方式也不太一樣。
* 「制度」有問題。因為我們為他提供的「制度」使他感覺到:做與不做是一樣的、做多做少也是一樣、做好做壞也是一樣。

一般情況下,人們不會為你的目標而工作,他們內心深處一定是為自己的需求而工作。

按照馬斯洛的「五層次需求」理論,要想讓部屬努力工作,先弄清楚他的需求是什麼,然後再仔細研究如何滿足下屬的這些需求。訂出我們的遊戲規則,讓我們的遊戲規則能更加系統地激勵下屬。大部分情況下,規則比「人治」更有效。即是:「好的遊戲規則,可以讓原本不努力的人變得努力工作;不好的遊戲規則,可以讓

原本努力的人變得不願意努力工作。」

瞭解部屬的慾望

兩因子理論 (Herzerg Two-Factors Theory)

1. 保健因子 (Hygiene)

    如：主管人員督導之型態、人際關係、薪資水準、人事政策、工作環境、工作安全等等。當這些因素惡化到人們可以接受的水準之下，人們就會對工作不滿意；但當人們認為這些條件令人滿意時，只是消除了人們的不滿，並不會讓人們積極工作。

2. 激勵因子 (Motivation)

    如：工作本身之挑戰性、工作之成就感、工作之責任感、得到讚譽、進修成長之機會等等。它會帶來人們積極的工作態度、對人們產生更大的激勵。

上對下的九大期望	下對上的七大期待
期望 1: 適時參與	期待 1: 提供明確方向
期望 2: 勇敢出主意	期待 2: 瞄準靶心
期望 3: 不同心能協力	期待 3: 説「做得好」還不夠
期望 4: 自告奮勇	期待 4: 果決要看時機
期望 5: 栽培部屬	期待 5: 別讓部屬找不到你
期望 6: 要食人間煙火	期待 6: 誠實且坦率
期望 7: 洞燭機先	期待 7: 公平公開
期望 8: 自我提昇	
期望 9: 從容面對際遇	

主管人員常是打擊員工士氣的兇手

Kouzes & Posner 在他們的新書《*Encouraging the heart*, 1999》中，詢問受訓者：如果在工作中得到激勵的話，這是否會促使你更努力呢？98% 的受訓者回答：「是。」當再造一步詢問：當妳在工作表現良好時，妳的主管是否會讚美、賞識妳呢？大約只有 40% 受訓者說：「有」；也約有 40% 的人回答道：即使他們表現得

非常傑出,但是他們從未接受到任何賞識或讚美。這種工作環境多麼令人失望、挫折呢?在這種工作環境裡,員工得不到任何激勵或鼓舞,也無從建立自信心。雖然激勵理論,不斷地談到如何激勵人——「讚美、賞識良好的工作表現,會促使人表現更好。」但是為什麼做不到呢?或是管理人員為何不願意做呢?主管人員常是打擊員工士氣的兇手而不自知。

帶人要帶心,員工的心聲有

1. 與有效率的主管一起工作
2. 工作具自主性
3. 能事先知道工作的目標
4. 做自己感興趣的工作
5. 能被尊重
6. 努力受到肯定
7. 工作具挑戰性
8. 能被告知和工作有關的狀況
9. 能表達自己的意見
10. 有機會增加新的知識與內部訓練

美國領導力趨勢大師麥斯威爾說,企業領導人要且具備三大特質:

1. 要懂得激勵員工;
2. 具有關懷、體恤的胸襟;
3. 必須使人產生信任感。

五個有效激勵人們的方法原則

領導者最重要的工作,就是提供組織成員奮發向上的動機,激發他們的潛能。美國總統約翰‧昆西‧亞當斯 (John Quincy Adams) 曾以下列標準檢視領導者:「除非你的行為能夠激發追隨者擁有更多夢想,讓他們學習更多、做得更多,使他們成為更有用的人,否則你不配當個領導者。」

1. 以樂觀激勵

假如你想讓身旁的人隨時士氣高昂、積極向上，就得當個孜孜不倦的啦啦隊長，隨時散佈樂觀的情緒，激勵、鼓舞他人。

2. 以希望激勵

1630 年，英國第一任麻薩諸塞灣殖民總督約翰‧溫思羅普 (John Winthrop) 變賣所有家產，帶著妻小和追隨者從英國來到美洲。但登陸後，他們所面對的卻是荒野、疾病和死亡。接下來的 10 年，溫思羅普不斷鼓勵追隨者，讓他們隨時懷抱希望。當初下船前發表的希望演說，就是他用來激勵人心的利器，他說：「我們會在山坡上建一座城市，讓所有的眼睛都得以仰望。」正是這樣的希望，在溫思羅普的領導下，這些拓荒者在當地扎根茁壯，讓麻薩諸塞灣殖民地不斷擴展，最後成為人口多達兩萬的城市。

3. 以自尊激勵

那些自覺受到重視與重用的人，工作起來總是特別賣力，因此請隨時讓周遭的人知道你重視他們的價值，明白告訴他們，你知道他們的貢獻對組織有舉足輕重的重要性。

4. 以關懷激勵

領導者若能瞭解部屬，經常與他們談談話，談談他們的家庭，甚至只是開開玩笑，並隨時鼓勵他們，部屬會覺得任何事都可以辦得很好。

5. 激發潛能，化腐朽為神奇

在鼓舞部屬時，要想辦法觸動他們內心深處的靈魂、點燃精神之火，這樣他們不但會主動出擊，甚至還會拿出愚公移山的精神完成使命，將潛能發揮到淋漓盡致。

如何激勵部屬

打個比喻，若把一個組織或團隊比作一條長龍的話，那麼主管領導就是龍頭，舞龍是否舞得活靈活現，舞出龍的神韻，主要在於耍龍頭的人，所以說一個組織或

團隊的戰鬥力如何、戰績怎樣、士氣高低，主要在於這個團隊的帶頭人領導才能和管理技巧高低。在實際工作中，對於不同性質的企業，不同的群體，不同層次的員工等各種差異性，我們都會採用多變、靈活、實際有效的激勵方法和技巧對團隊成員或部屬給予激勵。

激勵部屬的注意事項

1. 注意給下屬描繪「共同的願景」
2. 要注意用「行動」去昭示部下
3. 要注意善用「引導而非控制」的方式
4. 要注意授權以後的信任部屬
5. 要注意「公正」第一的威力
6. 要注意對部下進行有效溝通
7. 具體的作為有：

    ＊合理且具激勵性的薪資制度。

    ＊良好的升遷管道及工作學習環境。

    ＊具成就感的工作內涵。

    ＊公司有看得見的未來和遠景。

    ＊賦權灌能 (Empowerment)。

    ＊充分溝通，對事不對人。

    ＊關心部屬需求 / 尊重部屬想法。

主管人員要如何激勵員工

在激勵部屬的時候，優秀的主管常採行下列七個方法 (Kouzes & Posner, 1999)：

1. 設定部屬可以瞭解的清楚標準。
2. 期望部屬能有最高的表現。
3. 能從多方面關切部屬，如走動式管理，或主動協助部屬。
4. 能賞識員工的個別表現，讓員工瞭解其努力會有不同的結果。
5. 分享良好的典範或成功故事。好的故事能教導、提供員工學習良好的做事方式

和記憶。
6. 共同慶祝團隊成就。這能凝聚團隊，鼓舞團隊成員的士氣，也能讓員工瞭解別人的工作。
7. 設立成功典範。

身為企業高階層主管就能表現企業價值觀(如卓越品質與顧客服務)且設立成功的典範。這能導致企業各階層員工或主管均能表現成功典範，大家都能成為企業文化的成功例子、英雄，共同強化企業價值觀。

只有領導者能獲得員工的信賴，建立可信度，員工才會產生團隊精神，對組織產生「擁有感」(Ownership)，即認為這是我們的問題。處在今天知識型的社會中，我們都強調企業最重要的資源是「人」，這不能止於口號，主管人員需要透過實際的行動，從鼓勵與尊重員工的過程中，真正地去激勵員工的「心」，以激發他們發揮最大的動力。此外，一些企業標榜著重視「人」的資產，但是卻不願意對人(員工)的發展做投資，培育員工提昇他們的知識與技能，這一切在員工的感受裡都是空談、無意義的。因此，為了激勵員工與企業共同發展，員工需要瞭解企業的目標，並將自己的績效與企業的策略目標相結合。

管理者可以透過下列七個步驟來結合員工的需求與企業的發展

1. 清楚地瞭解外部顧客的需求。
2. 將顧客需求轉化為企業的策略目標，並訂定明確的績效標準、活動與結果衡量。將績效標準與企業策略結合，讓員工瞭解企業對他們的期待與為何而戰。
3. 塑造綜效性關係，讓管理者與員工能共同努力創造更好的績效。
4. 教導管理者成為教練。
5. 做好績效評估。
6. 協助員工訂定個人職涯發展計劃。
7. 將績效成長與薪酬、獎金結合。

獎勵和肯定

在工作中，一點個人化的感激或動作都能發揮很大的效果；你應該要慷慨地提

供獎勵與肯定，讓士氣高昂，建立起良好的關係，藉此強化團隊績效表現。獎勵不需要花大錢或很多時間，最好的方法只要一顆真誠的心跟一點點的時間就夠了。獎勵及肯定要及時、要明確、要誠懇。

獎勵和肯定的方式

- 電子郵件 Email：在 email 後，再打個電話或親自去找他，強化你對他的感激。
- 感謝電話
- 獎狀
- 禮券、帽子、馬克杯、夾克……等。

新式獎勵方式與範例

- 知更鳥式循環感謝法：每一個人都有一張紙，將自己名字寫在最上面，然後將紙傳給下一個人。接到紙的人要說出對這張紙的主人的團隊的貢獻，正面回饋。每一個人都必須獲得稱讚，而不是只有少數人的專利而已。領導者將每張紙條上的字句大聲唸出，並將紙條交回本人。
- 專案大人物：每月一星
- 哇！海報表揚表
- 「傳下去」卡片：演說家 Barbara Glanz 在演講時，發給每位成員一張「傳下去」的卡片，正面寫著「因為某某人的存在，讓我們變得不一樣」，反面則是「請將這張卡片傳下去」。
- 「我要告訴你媽媽」榮譽肯定法

獎勵和肯定時，應注意的事項

- 不要在讚美後，接著說「但是……」「可是……」，這種普遍被使用的說法會造成難以彌補的損害。
- 獎勵不要過頭，而成為一種形式或一種競爭 (在感謝狀、甜甜圈之外，又自掏腰包加碼送了一件夾克給得獎人)。保握「KISS」原則：Keep it Simple, Stupid。
- 獎勵不要差別待遇，引發不平之鳴。
- 在獎勵他人時，要事先知道受獎人的個性，有些人不喜歡接受公開讚美，那會讓他們想要鑽個地洞逃走。

行為職能
BEHAVIOR COMPETENCIES

五、處理團隊的問題

團隊領導的五大障礙

派屈克‧藍奇歐尼 (Patrick Lencioni) 所著的《團隊領導的五大障礙》(*The Five Dysfunctions of a Team*) 一書中，清楚描繪了團隊領導的五大障礙，這些障礙正是企業實際營運常會碰到的問題。

1. 喪失信賴
2. 害怕衝突
3. 缺乏承諾
4. 規避責任
5. 忽視成果

藍奇歐尼認為，在塑造優秀的領導團隊時，如果不能夠建立最基本的信賴關係，團隊成員無法開誠佈公地溝通，在彼此缺乏互信的基礎下，將無法針對理念毫不保留地溝通、辯論；在此情況下，對於公司決策，團隊成員將缺乏全力執行的承諾，無法朝向相同的方向共同努力。除此之外，如果領導團隊彼此間缺乏真正的承諾與共識，將使得團隊成員規避責任，同時將個人需求置於團隊的需求之上，忽視了公司追求的共同成果與目標。當領導團隊無法以公司成長為目標，員工的向心力就更無法建立，如此一來，將使得企業內部分崩離析，難以創造亮麗成果。

找出問題的癥結

- 誤解目標，或是目標界定不清。
- 團隊動態缺乏焦點。
- 團隊成員之間缺乏溝通。
- 團隊成員對於整體績效的投入程度不夠或是不一致。
- 關鍵技能上的差異。
- 沒有化解內部衝突。
- 其他小組的敵意或是不在乎，以及外界的誤解。

檢討本身的領導風格

- 重新探討自己的弱點
- 獨自一人或是和同事一塊進行腦力激盪，想辦法改善或是尋求協助
- 去跟上級討論
- 請教團隊成員的意見

如何讓麻煩人物成為團隊的助力？

問題管理的步驟 (Steps for Managing a Problem)

1. 私下和這個人談談，讓他知道問題出在哪裡，以及別人怎樣看待他。
2. 私下談過之後，分析看看為什麼讓你覺得這個人沒有盡到本份。
3. 私下詢問其他的團隊成員，瞭解他們為何認為這個人有問題。
4. 如果解決方案簡單的話，就直接進行，否則需要更多的訓練。
5. 如果必要的話，請再與他談談，說明團隊目標的急迫性，以及他對於團隊達成目標的重要性。
6. 為他的工作提供正面的意見回饋。
7. 如果他的工作和態度都沒有改善，那麼請考慮讓他離開小組。

化解人與人之間衝突的步驟 (Steps for Resolving a Personal Conflict)

1. 找出衝突。
2. 個別和他們找出問題的癥結。
3. 在個別談過之後，讓衝突雙方一塊談談，並且試著協調出一個解決方案。
4. 對他們說明，如果這樣的問題行為繼續下去會產生什麼樣的問題。
5. 如果調解成功，就可順利化解雙方的誤解和衝突。
6. 如果問題出在一些無法解決的領域(如個性上的衝突)，你得建立一套特別的規則，對每個人的行為加以規範，避免他們的衝突影響到其他的團隊成員。
7. 如果還是無法化解衝突，你可能得採取更激烈的措施，撤去(或取代)其中一人，或是這兩個人。

六、評估團隊績效

影響團隊績效的因素

1. 團隊成員的背景
2. 團隊的目標
3. 團隊的規模
4. 團隊成員的角色和多元化
5. 團隊的規範
6. 團隊的凝聚力
7. 團隊的領導

運用妥善的績效評量工具

- 團隊達成所負責的企業目標
- 顧客的滿意度
- 生產實際成本與預算成本的比較
- 產品與服務的品質
- 獲利
- 交貨時間

評估績效的要素

(一) 成果要素

1. 團隊目標的達成
2. 顧客的滿意度
3. 完成工作的品質
4. 對於工作的知識和所需技能

(二) 流程要素

1. 對於團隊流程的支持，以及對於團隊的承諾
2. 參與的程度和領導能力

3. 合作
4. 化解衝突
5. 規劃和目標設定
6. 大家參與作出雙贏的決定
7. 解決問題，以及分析技巧的應用
8. 可信度以及信賴感
9. 堅守大家同意的流程和程序
10. 建立和維繫人際之間的關係
11. 對於變革和冒險的意願
12. 個別以及團隊的學習

選擇評估的方法

1. 以同業其他類似團隊作為「標竿」
2. 根據當初設定的目標和時程表評估團隊的進度
3. 鼓勵團隊成員定期、私下討論，評估團隊的運作
4. 透過專家的簡報會議，瞭解哪些地方進行得不錯、哪些則進行得不順利

檢討個別團隊成員的績效

1. 同儕評分
2. 顧客(內部與外部顧客)滿意度評分
3. 自我評量
4. 團隊領導者評分
5. 主管評分

腦力激盪、實務精進

❶ 針對自己的工作單位，分析瞭解單位的工作目標及單位主管的團隊領導風格，檢討自己扮演的角色，寫出你自己要如何做才能配合單位的其他同事和主管，提昇單位的整體績效。

❷ 模擬自己就是自己工作單位的主管，你要如何去領導這個團隊？去激勵工作同仁？可能遭遇什麼困難？請寫出來。

行為職能
BEHAVIOR COMPETENCIES

知識職能
KNOWLEDGE COMPETENCIES

知識職能
KNOWLEDGE COMPETENCIES

Chapter 13

解決問題的能力
PROBLEM SOLVING CAPABILITY

本章學習目標

藉由本課程
1. 對問題及解決問題建立基本的概念。
2. 學習解決問題的方法，充實個人解決問題的能力。
3. 從解決問題的能力，發展到創新能力，增加附加價值。

筆者提過，有了正確的工作態度，還要具備下列幾項工作上的技能，才能工作勝任愉快，其中之一就是：

要有解決問題的能力 (Problem Solving Capability)

不光是在工作上，在我們人生旅途中，我們會遭遇到很多困難，都要靠我們自己去解決。其中解決問題的能力 (Problem Solving Capability) 和學習「獨立思考，獨立判斷」的能力，都在幫助我們克服困難，協助我們解決問題。當我們遇到困難，碰到問題時，我們都應該靜下心來，仔細想一想，如何解決問題。首先應該清楚的知道：1.「是什麼問題？」；2.「問題有多大？」；3.「該如何解決？」。每一個人在處理問題的方式、處理問題的技巧、處理問題的態度不同，在不同面對問題的態度，不同處理問題的方式，不同思考判斷的模式，自然也產生了不同的結果。

美國摩根財團的創始人摩根，當年從歐洲漂泊到美國時，窮得只有一條褲子，後來夫妻倆好不容易才開了一家賣雞蛋的小雜貨店，但身高體壯的摩根賣蛋遠不及身材瘦小的妻子。摩根覺得很奇怪，後來他終於弄明白了原委。原來當他用手掌托著蛋時，由於手掌太大，人們眼睛的視覺誤差會覺得蛋變小了，而他的太太用纖細的小手拾蛋給顧客時，雞蛋被纖細的小手一襯托，居然顯得大些。

於是摩根立即改變了賣蛋的方式。他把蛋放在一個淺而小的托盤裡，這樣人們對比看來，就會覺得蛋很大，因此蛋的銷售情況果然好轉。摩根並不因此滿足。他認為眼睛的視覺誤差既然能影響銷售，那麼經營的學問就更大了，進而激發了他對*心理學、經營學、管理學*等等的研究和探討，終於創建了摩根財團。

而日本東京的一個咖啡店老闆則利用人的視覺對顏色產生的誤差，減少了咖啡用量，增加了利潤。他給三十多位朋友每人四杯濃度完全相同的咖啡，但盛裝咖啡的杯子顏色則分別為*咖啡色、紅色、青色和黃色*。

結果朋友對完全相同的咖啡評價則不同：認為青色杯子中的咖啡「太淡」；黃色杯子中的咖啡「不濃，正好」；咖啡色杯子以及紅色杯子中的「太濃」，而且認為*紅色*杯子中的咖啡「太濃」的佔 90%。從此以後，老闆將其店中的杯子一律改為*紅色*，既大大減少了咖啡用量，又給顧客留下極好的印象。結果顧客越來越多，生意也隨之蒸蒸日上。

知識職能
KNOWLEDGE COMPETENCIES

成功總是垂青那些不斷發現問題，分析問題的人。

成功總是給那些用心去發現身邊的小事和細節的人。

手掌的差別不大，卻成就了摩根財團；紅色和青色的差別，足以讓一個咖啡店生意蒸蒸日上。這些細微的差別，不能引起大多數人注意的事情，卻往往有其關鍵的作用。

一、問題與解決問題的能力

辭海上解釋：「問題」為「謂詢問之事，或有疑問之事」，韋氏英文辭典也指出「問題」是待答覆或待解決的「迷惑疑問」，特別是其「解答有困難，不確定」，難以處理，難以瞭解的事物或情況。是故，「問題」是指一個人或個人所在的群體所遭遇到的一種需要解決的狀況，而對於此種困境，沒有明顯的方法或途徑，立刻看出解決的方法。所以，當對一個情境的反應受阻時，問題便發生了。也許當某種條件成為具有誘惑力時，而當事者缺少產生那種條件之反應，也會產生問題；或可能問題是「所有」與「所要有」之差異；也可能是「應該如此」與「實際發生的結果」之間的差異。當具認知能力的個體有一個目的，而不知如何去到達目的時，當然有了問題。總之，能使人探究、考慮、討論、決定，或解答的詢問便是「問題」。小的問題如配合天氣該穿什麼衣服、買東西的選擇；大的問題如交友、婚姻與職業的選擇等。

「問題解決」方式是一個很好的學習方式。透過解決問題的過程，提供發展批判的和創造的思考技能的必要經驗。解決問題和推理 (reasoning) 是非常重要的。人們總是必須去面對種種問題，諸如職場上或生活上的問題等，而設法去解決問題，來下決定。人們雖然能藉助科技的幫助，可以找到答案；但是唯有人類的頭腦和智慧才能思考推理，才能解決問題。我們必須具備「解決問題」的基本能力，在離開學校進入社會時，能夠使用這些基本技巧以及思考推理，去解決所面對的問題。

「問題解決」有一個過程 (process)。「問題解決」的意義，是運用個人先前已備的經驗、知識、技能和瞭解，去思索、探究、推理，以滿足未能解決的陌生情境

之需求。所以,所謂「解決問題」需要將許多已知的東西加以組織,運用這些知能找出解決方法或途徑。因此解決問題的「方法」和「結果」是同樣重要的。

　　解決問題的過程包含五個步驟:1.瞭解與思考;2.探究與計劃;3.選擇策略;4.尋找答案;以及5.省思與擴展問題。

1. 在「瞭解與思考」階段,必須瞭解問題,要有批判的思考。注意到問題的所有條件嗎?條件明顯?或是模糊?瞭解目標狀態嗎?目標是明顯或模糊?分開問題的各部分條件,能連結寫下來嗎?問題情境能具體化嗎?問題能轉化為解題者的用語嗎?能否評估解題者現有知識與問題間的關係呢?

2. 在「探究與計劃」階段,解題者能分析資料,決定是否有充分資訊解題?並且去除干擾解題的因素。找出未知數與已知數之間的關係,如果找不到就得考慮一些輔助問題。選擇問題的條件採取行動嗎?還是根據問題的目標採取行動?行動合理嗎?所採取的行動有方向或重點?行動有目的嗎?對解答有何影響?

3. 在「選擇策略」階段,一般人認為是解題時最困難的步驟。所謂「策略」(strategy)是指提供解題者一個指引,以利其發現答案。簡單的說,策略就是解決問題的方法。策略的選擇是根據前二個階段而來,困難的是如何去選擇一個合適的策略?或去修正所選擇的策略?下面策略我們常常在使用:辨識形式、往後推導、猜測與檢驗、實驗或模擬、簡化或擴張問題等。

4. 在「尋找答案」階段,即實施所擬定之計畫、校正每一個執行步驟,清楚看出哪一步驟是正確?能證明其正確性。在執行計劃時,是否能評估計劃的相關性、適當性及結構性?是否在整體或局部層次去評估執行?評估有無對結果有影響?有否利用計算器、電腦或其他科技去解題尋求答案?能否利用各種方式去解決問題?對特殊問題,有無其他方法?

5. 在「省思與擴展問題」階段,是否校核結果?能否融合論證?能一眼看出來嗎?能把結果或方法應用到別的問題嗎?改變問題的條件狀況,可以求解嗎?有無原理及解答的評估?對解題的當前狀況有無評估?若放棄一種解題方式,是否企圖利用其中有用的部分?有無再評估先前放棄的解題方式?對解答產生的局部與整體影響如何?所採取行動適當而必要嗎?是否評估採取新途徑的短程及

長程影響?其行動是否也適當必要嗎?這是一個「後設思考」(meta-thinking)的階段。

在黃茂在、陳文典所撰寫的「處理問題過程的心智活動」一文中,把解決問題的過程分為六個階段:

1.「發現問題」的階段。
2.「確定問題」的階段。
3.「形成策略」的階段。
4.「執行實現」的階段。
5.「整合成果」的階段。
6.「推廣應用」的階段。

二、解決問題的方法

如果你真的想做一件事情,你一定會找到一個方法;
如果你不想做那一件事情,你一定會找到一個藉口。
Where there is a will, there is a way.

在解決問題時,我們要注意到:(1) 面對問題的態度;(2) 處理問題的方式;和 (3) 問題解決的品質。遇到問題時,能自主的、主動的謀求解決 (positive attitude),處理問題時,能有計劃的、有條理的、有方法的、有步驟的處理問題 (process oriented),能夠適切的、合理有效的解決問題 (quality of solution)。

(1) 面對問題的態度
＊遇到問題時,能保持一個正向、積極、求好的心態。
＊面對問題時,能先作合理評估,並勇於承擔的態度。
＊養成遇到問題時,獨立思考,獨立判斷,瞭解問題的習慣。

(2) 處理問題的方式

*能明確的理解問題、目前的情況、所處的環境如何。

*能仔細思考如何去解決、前因後果、處理的優先順序。

*能與人合作、協調工作，共同克服困難。

(3) 問題解決的品質

*能適切的、有效的解決問題。

*處理的過程與結果，對後續能產生正向的影響。

接下來，從企業管理解決問題與決策理論 (Problem-Solving and Decision Making Theory) 來談一談「解決問題的方法」。在學術上，有很多解決問題的方法和論述；在企業界，比較熟悉常用的有「個案研究」(Case Study)、「腦力激盪」(Brainstorming)、6-Sigma……等等。筆者比較常用 Case Study 的方式，團體討論 (Group Discussion) 則用腦力激盪的方式。

以下概要介紹幾個解決問題的方法，深入的瞭解請參考相關的專書：

1. Case Study (個案研究)

「個案研究」這個名稱源自英文的 "Case Study"，"Case" 被譯為「個案」，"Study" 被譯為「研究」，最早是學術界廣泛採用的一種研究方法。雖然源自 "Case" 所謂的「個案」指的是一個要進行的案子，其實「個案」不論大小，本質上它就是一個要靠「Study (研究)」去解決的「問題」，因此近代「個案研究」則被產業界引用，成為「解決問題」的一種方法。

「個案研究」強調的是深度分析，也就是要針對「問題」進行廣泛而且深入的分析研究。通常需要進行以下五個步驟：

(1) 定義「個案研究」的目的：也就是把要解決的問題描述清楚，包含最後要達成的指標或要做到的標準等。

(2) 設計研究的程序：選取研究單位及可用之資料，並設計蒐集資料之方法。

(3) 蒐集資料：個案研究蒐集資料的來源如下：

*公開的文獻或可信的資料

＊私人的檔案記錄

＊訪談或晤談

＊直接觀察的結果

＊參與觀察的結果

＊實際的物品

(4) 組織資料：統合成一完整結構之研究單元

(5) 撰寫成果報告並討論成果之重要性

個案研究要解決的問題，可採用五 W 形式 (Who、What、Where、How、Why) 來加以剖析，最後找出答案。

When I studied MBA program in the United States, a lot of courses (such as Human Resource, Marketing Management, Manufacturing Management) use case study for problem-solving. Case Study is very useful tool and teaches us how to understand the current situation, how to tackle the problem and how to solve the problem. I remember I always present my Case Study papers into following 4 stages.

1. Situation Analysis to Identify Issues
2. Comes up with some feasible Alternatives
3. Financial Evaluation of each Alternatives and
4. Make a Recommendation

In Situation Analysis, usually we can list down all elements of our strengths & weakness, risks and opportunities. So we can better understand ourselves and our competitors.

We also can use the Flowcharts, Trend Chart and Pareto Chart

Flowcharts can be used throughout the process to identify key actions, inputs, outputs, and decision points, and to check progress. Flowcharts are designed to:

- Serve as an advanced organizer

- Perform an interim check on progress during the process
- Help identify what resources are needed and when
- Be a guide for completing process steps

Trend Chart tracks changes in performance overtime.

Pareto Chart ranks potential problems.

Our decision is made by the information we got. If we got correct information, usually we are able to make a right decision. If the information we got is not correct, often times it will lead to a wrong decision. So we need to be very careful of the information we collected for our decision making.

2. 6-Sigma DMAIC

這個方法最早由美國奇異推出，源自於品質管理，後來被廣泛應用到生產和企業管理，結合了 6-Sigma (六個標準差) 和定義 (Define)、衡量 (Measure)、分析 (Analyze)、改善 (Improve) 和控制 (Control) 的管理程序而成為 6-Sigma DMAIC。

6-Sigama is a method for problem solving and process improvement which initiated from GE General Electric. DMAIC is a systematic methodology for reducing defects resulting from a process. Remember the DMAIC process is best applied when dealing with common cause problems. DMAIC projects typically take between three and four months to complete. Each letter in the DMAIC acronym represents a phase in the method:

- **Define:** A problem is defined and a potential 6-Sigma DMAIC project is scoped out.
- **Measure:** Data on the current performance of the process is measured.
- **Analyze:** Data is analyzed to determine the source of the problem and how the process might be improved to eliminate it.
- **Improve:** An improvement option is selected and implemented.
- **Control:** Ongoing performance is monitored and controlled.

3. Global 8D

這是福特汽車源自管理程序推出的創新方法，將一般三個、四個、五個階段程序再深入剖析，增加問題解決的精密度，成為八個規則 (Discipline)，名之為 Global 8D。

G8D is another methodology for identifying the root cause of a problem, taking actions to resolve the problem, and preventing similar problems from occurring in the future. Ford Global 8D find-and-fix problem solving process. Focuses on steps to define the problem, verify root cause and escape point, and prevent occurrence.

The Global 8 Disciplines (G8D) provided you with fundamental knowledge and skills. To master these skills and successfully complete the Assessment of Prior Experience and Learning (APEL), you must engage in work experiences that will help you achieve your objectives.

The Global 8 Disciplines are listed below.

D0. Prepare for the Global 8D Process
D1. Establish the Team
D2. Describe the Problem
D3. Develop Interim Containment Actions
D4. Define and Verify Root Cause and Escape Point
D5. Choose and Verify Permanent Corrective Actions for Root Cause and Revaluate Escape Point
D6. Implement and Validate Permanent Corrective Actions
D7. Prevent Recurrence
D8. Recognize Team and Individual Contributions

4. 14D

福特汽車其後又發現了增加 Global 8D 問題解決的精密度，再提出 14D。

14D is a process for documenting the features of, and corrective actions taken for, problems with vehicles in the field. The 14D report is a standard reporting format that contains the 14 numbered subject headings listed below. A 14D report is completed by one individual seeking input from others as appropriate. The report uses some of the G8D language. The 14D document is completed on the assumption that a problem has been identified and appropriate resolution actions have already been taken. The 14 disciplines are:

1. Problem Description
2. Define the Root Cause
3. Problem Investigation/Verification Data
4. Actions Taken in Production: Interim Containment Action (ICA) or Permanent Containment Action (PCA)
5. Verify Effectiveness of Corrective Actions
6. Estimated Production and Problem Statistics
7. Service Parts
8. Assessment of Effect on Vehicle Operation
9. Description of Concern Solution and Parts Requirements
10. Program Parts Sign-Off/Availability
11. Vendor Involvement
12. Financial Implications
13. Prevent Actions
14. Reference Data

Ultimate goal of problem resolution is to prevent problems from occurring. Unfortunately, even with the most disciplined process in place, some level of mistakes is inevitable, and mistakes lead to problems. Once a problem has been detected, it must be corrected and resolved by identifying an appropriate counter-measure. The counter-measure should ensure that the problem does not recur.

5. Big6

BIG6：資訊問題解決模式

(The Eisenberg/Berkowitz Big6 Model of Information Problem-Solving)

(1) 什麼是 Big6

Big6 是一種已經得到普遍應用的網路主題探究模式，用來培養學生資訊能力和問題解決能力。Big6 是美國艾森堡 (Mike Eisenberg) 和伯克維茨 (Bob Berkowitz) 兩位學者首先提出的。在世界各國的很多學校，從幼稚園到高中，甚至大學或成人學習，都在採用這種方法，運用網路資源來幫助解決問題或完成自己面對的任務。

(2) Big6 的特點

有人說：Big6 是一種方法，使你很容易和迅速地獲得資訊；也有人認為，Big6 是一種工具，在你做研究時幫助你組織資料，也可以幫助你寫作研究報告。其實，Big6 的全稱是「Big6 資訊問題解決模式」(Big6 Model of Information Problem-Solving)，屬於「問題解決」式的研究學習。從字面上看，之所以叫它「大六」(Big6)。因為使用 Big6 方式解決問題的過程包括六大步驟，這就是人們為什麼把它叫作 Big6 的原因。

(3) Big6 的方法步驟

＊任務定義 (Task Definition)
＊搜索策略 (Information Seeking Strategies)
＊搜索資訊 (Location and Access)
＊運用資訊 (Use of Information)
＊整合信息 (Synthesis)
＊學習評價 (Evaluation)

根據美國教育學者的說法，所謂 Big6，確切地講是取其六個步驟英文名稱的一個字母，然後組合而成 (**B-I-G-S-I-X**)，如下面黑體字母所示：

1. **B**e sure you understand the problem (the Task Definition stage).

確切地瞭解探究的問題——任務定義

2. **I**dentify sources of information (Information Seeking stage).
確認資訊資源——資訊搜索策略

3. **G**ather relevant information (Location & Access stage).
獲取相關資訊——定位和搜索

4. **S**elect a solution (Use of Information stage).
選擇一個答案——運用資訊

5. **I**ntegrate the ideas into a product (Synthesis stage).
把觀點整合到作品中——綜合

6. e**X**amine the result (Final Evaluation stage).
檢查結果——評價

　　從以上的分析可以看到，Big6 的主要步驟實際上包括：任務驅動—尋找方法—收集資訊—運用資訊—表達資訊—評價資訊，充分體現了對學習者資訊素養的培養，並且把重點放在對資訊的搜索、理解和資料管理上。台灣中小學教育界還為學生們提供了一個口訣，幫助他們記住這六個步驟：口訣：定問題、找策略、取資料、用資訊、能綜合、會評價。

　　因此，Big6 資訊問題解決的流程為：任務驅動→ 尋找搜索方法→收集資訊→運用資訊→表達資訊→學習評價。使用 Big6 學習法的時候，注意它並不一定要按照第一個步驟到第二個步驟的順序進行，要看問題的性質或是你對問題的瞭解而定，有時做到第三步驟「收集資訊」時，卻發現資料不足或自己的能力、時間不夠，這時可能要回到前一個步驟，重新思考你的問題。

6. 腦力激盪 (Brainstorming)

　　最後我們來談一談集思廣益的腦力激盪 (Brainstorming)。

(1) 腦力激盪的基本原則

＊鼓勵每個人能先提出 1 至 3 個想法以利於開始。

＊將所有的想法寫下來，並讓大家能看到。

*彼此不批評或評論彼此的想法；
*想法在多不在精，在量不在質；
*鼓勵創意，即使是聽起來很可笑或毫不相關的想法；
*鼓勵每個組員彼此補充已提到的看法；
*設定腦力激盪的時間(如 10 至 15 分)，如此可刺激想法快速產生。

(2) 腦力激盪法的使用技巧

*進行腦力激盪的主持人應該在討論之前，先把要激盪的問題界定清楚，並且一次以單一個主題為主。
*在討論進行之前先給成員們大約 10 到 15 分鐘，作為暖身的時間，以讓成員先熟悉進行的程序和步驟，以及應該遵守的討論規則。
*活動進行期間，主持人可以以旁敲側擊的方式，來刺激或激發成員們的創造力和思考。
*主持人應當盡量塑造輕鬆自在及和諧融洽的氣氛，讓成員們的意見能夠自然而然的表達出來。
*可以另外指派一名記錄，在成員陳述意見時能夠正確精要的將重點記錄下來。
*原則上，每個人都要表達意見，且一次以一個意見為主。
*如果進行腦力激盪的是十五到二十人以上的大團體，以舉手發言為主，務必注意發言秩序的維持及記錄的完整。

希望上述介紹的這些解決問題的方法，也能夠幫助你解決工作上與生活上的困難。

腦力激盪、實務精進

❶ 找一個生活中或工作中個人有興趣的問題，剖析並寫出一份問題的完整說明，進而使用本章介紹的個案研究法找出答案，進而用其他方法，把解決問題的答案作進一步深入的剖析。

❷ 實施並檢討你的答案，同時寫出來。

知識職能
KNOWLEDGE COMPETENCIES

Chapter 14

提昇創造力
TO ENHANCE CREATIVITY

本章學習目標

藉由本課程
1. 加強員工的創造能力,在工作變革之時有應變的能力。
2. 教導學員學習創新思考的方法,改善工作現況。
3. 建立創新的企業文化,鼓勵創新,創造競爭力。
4. 課堂上分別講授個人創造力之開發與組織群體創造力之開發,同時介紹腦力激盪術 (Brainingstorming) 的使用方法與技巧。

大科技公司主管們普遍感受到員工害怕改變自己的心態，希望能安排給員工「提昇創造力」的講座，藉以加強員工創造力，且在工作變革之時有應變的能力。

一、習慣成自然

- 習慣讓我們不想改變
- 習慣使我們忘了突破，忘了進步
- 習慣是可以改變的

有些事情，明明知道是不對的，但是卻去做了；有些事情明明是對的、正確的、有益的，卻被惰性與藉口所打敗。習慣是行為的影子。習慣是人類本質的呈現，最本能的反映，最直接的行為。

每個人最想改變的是生活，最不想改變的是自己。習慣就像狗屎一樣，如果是自己的狗，通常都不覺得那麼臭。習慣就是一種傳統，人們會不自覺地去做，去執行。若改變一點，就渾身不自在。

習慣不是與生俱來的，而是我們日常生活中所培養的，所以它肯定可以被代替或取代。習慣使我們忘了突破，習慣使我們忘了進步。人們因習慣而成功，也因習慣而失敗。

政大創新與創造力研究中心諮詢委員會召集人吳靜吉教授描述：「最好暫時抽離習慣的環境，找出讓你感到興趣的事物去體驗。」「在差異的環境中，你會有些自我對話，而當新舊事物連結時，創意的火花就可能產生。」

沒有改變不了的習慣，只有不想改的習慣。

習慣是拒絕改變的藉口。

習慣是可以改變的。

二、改變

Change is the law of life. And those who look only to the past or present are certain to miss the future.（變化是人生的準則，只注意過去和現在的人，將錯過未來。）

- You may delay, but time will not

著名畫家柯羅為一位年輕畫家指出了這位年輕人作品需要改進的地方，「謝謝您，」年輕畫家說：「明天我就將它全部修改。」柯羅激動的說：「為什麼是明天，要是你今晚就死了呢？」

無論你想做什麼，現在就做

- 你只能不停地前進

當蕭邦已經是非常知名的演奏家時，他遇到十年前一起在街頭演奏的伙伴，發現他仍在他們當年一起佔到的那塊最賺錢的地方演奏。伙伴遇到蕭邦非常高興，問他現在在哪裡演奏，蕭邦回答了一個很有名的音樂廳，伙伴驚訝的說：「怎麼？那裡的門口也很好賺錢嗎？」

「最賺錢的好地盤」同樣是一個「風平浪靜的小港灣」，那位伙伴停留在那裡，甚至有些沾沾自喜，卻沒有意識到自己的才華、潛力、前程全都被這塊「最賺錢的好地盤」葬送了。

- 學會適應

從事帆船運動的朋友都知道，當一個人在大海中航行時，他當然不可能改變海面的風向，但他卻可以通過不斷調整船上的風帆，讓自己一直向目的地駛去。比爾·蓋茲說過：「生活是公平的，你要去適應它。」

- 如果山不過來，我們就過去

有位大師，潛心修練了多年，終於練成了「移山大法」。有人向他請教，他說：「要移山其實很簡單，如果山不過來，我們就過去。」

> 人類可以通過改變自己的態度去改變自己的生活，這是屬於每一代人的最偉大的發現。——William James

- 決定後，立即行動

  養成現在做的習慣，是為了要加強以行動為導向的生活型態，使自己更有決斷力，並保持行動。這世界上最遠的距離就是思考與行動之間，有些人走了一輩子都沒有到達彼岸，但是有許多人即知即行，同樣的壽命卻會造成生命不同的精彩。

- 現在開始，永不嫌遲

  怎樣移動富士山？這個問題是比爾・蓋茲只想瞭解這些年輕人有沒有按照正確的思維方式去思考問題。

  What We Have Learned?
  They are not wrong, simply inadequate.

- In turbulent times, we must take responsibility for acting vigorously.
- Take responsibility for what is less and less controllable.
- Not a game of pursuing the known, with formula driven method
- It's all about vision, risk, responsibility and learning.

  Changing People and Organizations:

- Step 1. Unfreezing (Current State now)

  Recognizing the need for change.
- Step 2. Changing

  Attempting to create a new state of affairs.
- Step 3. Refreezing (a New State)

  Incorporating the changes, creating and maintaining a new organizational state.

三、開發創造力

我們成長和成功的心路歷程

1. 我們的志趣。
2. 創造競爭力——突出，與眾不同，能領先同業，領先別人。
3. 化不可能為可能——別人不可以，你可以。
   - 瓶頸永遠發生在瓶子上方。
   - 領導者要留意不要成為公司發展的瓶頸。
   - 商界舵手 (Leader) 最重要的表現，是越來越注重「領導的創新能力」(leading Innovation)。
   - 在企業增長方面的突出表現，是「穩中求勝」的理念轉而改為「主動出擊」的新思維。

企業就像人類，也有 DNA

企業的 DNA 就決定在物競天擇的環境下，企業能否長期存活。企業的 DNA 就是企業的文化和慣例 (routines)，企業創業時一定是一群創業伙伴開始，這一批創業團隊，自然形成一些牢固不破的價值觀，例如節省勤勞、樸實，僱用人員時，也以這些價值觀評斷員工良窳，久而久之，只有認同這種價值觀的員工會留下形成企業的 DNA。

根據觀察，公司的成功不超過十年，十年之內一定會遭到環境的變革，只有優良企業 DNA 才是長期成功的保證。公司的成功絕不是偶然，能夠鶴立雞群的公司都有一套與眾不同的做法，不是有絕佳的策略定位，就是有獨步產業的領先管理方式。

2000 年，台積電有大幅度的快速成長，那時，張忠謀進一步將十大經營理念重新塑造為四個核心價觀 (ICIC)：

1. 誠信正直 (Integrity)
2. 客戶伙伴 (Customer Partnership)

3. 創新 (Innovation)

4. 全心投入 (Commitment)

這四個價值觀在台積電不是說說而已,每一天、每一個人、每一件工作中貫徹落實。

1. 創造力開發的過程
2. 個人創造力之開發
3. 群體創造力之開發
   (1) 腦力激盪術 (Brainstorming) 之應用。
   (2) 逐步激盪術 (Synectics) 之應用。

創造力開發的五個過程

1. 專精貫注 (Saturation)
2. 深思熟慮 (Deliberation)
3. 孵化靜待 (Incubation)
4. 頓悟明途 (Illumination)
5. 研磨涵納 (Accommodation)

個人創造力之開發

1. 自信心 (self-confidence) 與肯用心 (will to work)
2. 認識心理障礙,有益創造力開發
3. 改變特性,聚小成多
4. 觸類旁通,意外之得

群體創造力之開發

1. 腦力激盪術 (Brainstorming) 之應用

   1963 年,Alex Osborn 首創,「三個臭皮匠,勝過一個諸葛亮」。

2. 逐步激盪術 (Synectics) 之應用, 1965 年由 William Gordon 提出:
   (1) 必須把問題徹底弄清楚。

(2) 小組負責人逐次挑戰一個子題，除非完成，否則不進行下一個子題。

＊遞延法 (deferment)

＊問題自主法 (autonomy of object)

＊共同點法 (use of common place)

＊類推隱喻法 (analogy)

＊若即若離法 (involvement & detachment)

(3) 可以反覆研討。

基本上經營決策者需要

1. 掌握攸關的可控制變數。
2. 善加利用可能影響長期營運成功的不可控制變數。

不可控制變數必須被預測及「未雨綢繆」，方能充分利用預期的有利影響。

估計不可控制因素的潛在影響，並配合那些估計做計劃。

Five fundamental forces that Porter says determine the ability of firms in an industry to earn above normal returns:

- entry of new competitors
- threat of substitutes
- bargaining power of buyers
- bargaining power of suppliers
- rivalry among existing competitors

Could you name <u>five</u> best performing companies in Taiwan in the last 10 years? What is the challenge ahead of your company?

- 1. ……?
- 2. ……?
- 3. ……?

四、提昇創造力

What is Innovation?

Using different ways to reach the goal more effectively and efficiently.

Webster's Definition

Innovation is a creative idea of improvement that can generate economic value and business opportunities. It is definitely not restricted to technology field and brand new product innovations.

Never fear to fail by managing risks.
Think outside the Box to Create Value.

An Innovation Tool Kit

- Successful idea generation is a process of divergence and convergence, each requiring a separate set of tools
- Divergence – when we open ourselves to fresh perspectives and brainstorm new ideas
- Convergence – when we evaluate, organize, and judge our potential new innovation

奔馳法 (Scamper Method)

字首	英文	中文
S	**S**ubstitute	代替
C	**C**ombine	合併、連結、組合等
A	**A**dapt	適應
M	**M**odify; **M**agnify	修改；擴大
P	**P**ut to other uses	作為其他用途
E	**E**liminate; Minify	消去；小化
R	**R**everse; **R**earrange	相反；重新安排

Innovation Triggers

S in SCAMPER [Substitute]
- What can be substituted?
- Can the rules be changes?
- Other ingredients? Other materials?
- Other process or procedure?
- Other place?
- Other approach? What else instead?
- What other part instead of this one?

C in SCAMPER [Combine]
- What ideas can be combined?
- Can we combine purposes?
- How about a blend, an alloy, an assembly?
- Combine units?
- How could we package a combination?
- What materials can be combined?

A in SCAMPER [Adapt]
- What else is like this? Original idea?
- Does the past offer an parallel?
- What could we copy, emulate or incorporate?
- What else could be adapted?
- What different contexts can we put our concept in?

M in SCAMPER [Magnify]
- What can be magnified, enlarge or extended?
- What can be exaggerated or overstated?
- What can be added?

chapter 14
提昇創造力 TO ENHANCE CREATIVITY

- More time? Stronger? Higher? Larger?
- How about greater frequency? Extra feature?
- How can add extra value?
- How could we carry it to a dramatic extreme?
- What other parts instead of this one?

P in SCAMPER [Put to other use]

- What else can this be used for?
- Are there new ways to use as is?
- Other uses if modifies?
- What else could be made from this?

E in SCAMPER [Eliminate]

- What if this were smaller?
- How about splitting it into different parts?
- Streamline?
- Make miniature? Condense? Compact?
- Subtract? Delete?
- Can the rules be eliminated?
- What is not necessary?

R in SCAMPER [Rearrange]

- What other arrangement might be better?
- Interchange components?
- Other pattern, layout, or sequence?
- Transpose cause and effect?
- Change pace?
- Change Schedule?

五、創新案例

1. Ford NBX case study
2. Mazda 品牌重建 case study

這是作者在福特公司服務時期的二個親身經歷的案例，在以往幾年的演講中均有深入的介紹，限於本書的篇幅與主旨，所以此處僅提出標題及要強調的重點，而不再針對這兩個案例作完整的敘述，請詳作者的學習網站與 YouTube eLearning 課程內容。

回顧福特汽車的發展，從一百多年前創立到現在，它早就是一個享譽全球被企業管理界公認的創新典範，亨利‧福特早年引進了快速的汽車大量生產線以及配合大量生產的員工管理方法，提高了生產效率，創造了高工資與低售價的結合，在當時的美國製造業造成了一次成功的改革創新，因此大師們甚至把這種大企業創新的典範文化稱為福特主義，而福特也持續在推動這種福特主義的傳統文化。

綜合兩大案例，可得到四大重點：

1. 價格創新：以低價模式切入，開創新市場。
2. 溝通模式創新：以自然方便的方式貼近使用者。
3. 流程創新：快速到貨，縮短生產及購物流程。
4. 勿忘「不創新就淘汰」，鼓勵員工勇於改變，發展創新。

腦力激盪、實務精進

❶ 分析自己的態度和習慣，寫出你認為其中對產生創造力有阻礙的部分。
❷ 針對上述阻礙個人創造力的態度和習慣，進一步思考解決辦法，並寫出一份改變自己進而提昇個人創造力的行動計劃。
❸ 模擬思考如何提昇自己工作單位的群體創造力，並寫出行動計劃。

知識職能
KNOWLEDGE COMPETENCIES

Chapter 15

培養領導能力
ENHANCE OUR LEADERSHIP

本章學習目標

藉由本課程
1. 瞭解領導能力的意涵,建立有關領導能力的基礎概念。
2. 從典範學習建立個人的領導能力。
3. 瞭解領導人應具備的特質,據以培養並強化個人的領導能力。

一、什麼是領導能力？

什麼是領導能力？拿破崙・希爾說：「領導才能就是把理想轉化為現實的能力。」可是如果沒有追隨者，那麼只憑藉自己的能力去把理想轉化為現實，那樣的人只能稱為是一個優秀的人才，但是卻不能被稱作是領導者，因為一個合格的領導者所擁有的不僅僅是個人的優秀的才能，更需要的是影響力，人格魅力，用自己的人格魅力去影響別人，讓別人追隨自己，使別人參加進來，跟他一起做事。他鼓舞周圍的人，協助他朝著他的理想、目標和成就邁進，他給了他們成功的力量。

領導能力首先是一個人的個性，他必須要擁有良好個人品質，能使別人信賴。其次，還有很多必須所擁有的品質。這些品質還必須與能積極與人溝通的能力結合起來，領導人和別人建立良好人際關係，開始關懷別人，學會與別人交談和激發別人的積極性。始終走在隊伍的最前面，不斷的自我成長，自我完善，為自己制訂衡量的標準，為別人指引所要走的道路和鼓勵他們去走完道路。

領導力並不是權力，而是影響力，你能影響部屬的行為，你就有影響力。

- 你有影響力嗎？
- 你是如何做到的？
- 你是否因為會滿足上級的需求，而失去了部屬的向心力？
- 你的人格、能力、人際關係是否贏得部屬尊重？
- 你願意花時間關心部屬工作以外的事情嗎？
- 你會耐心聽完部屬發言後，才表達意見嗎？
- 部屬心目中，你值得信賴嗎？

你對部屬有無影響力，就決定在你是怎麼做的。領導力不是與生俱來，也不是立刻學會，領導力是部屬對你平日行為舉止的回饋。發揮你在部門的領導力，管理者的工作是透過他人以完成工作，領導力就是影響力，來自你平常與部屬溝通的結果，領導力能讓你發揮更大的管理績效。一個能發揮領導力的部門是什麼樣的？部屬能一致地朝著你帶領的方向前進，部屬對自己的工作有強烈的意願及發揮潛在的能力，部門能團隊合作，部門有強大的凝聚力，部屬願意挑戰難度高的目標。

領導力的四個條件

- 要求性：高標準、嚴格要求的領導，最能贏得部屬的尊敬與懷念。
- 同理心：你對部屬有些要求，反過來，部屬對你也會有要求，但不是什麼事情都順著部屬的意思去做，你要站在對方立場瞭解他的狀況，再決定是否堅持或調整變化你的要求。
- 狀況共用：除了情報之外，你還要讓部屬瞭解公司未來發展的方向。任務及目標，同時你要讓部屬清楚地知道你對他的期望及培養他的方向。
- 信賴性：是「要求性」、「同理心」、「狀況共用」的結果。

領導力從小處開始

什麼樣的人才是最好的領導人？這真是一個很難回答的問題。好多人都以為Leadership（領導力）是職銜賦予的，像名片上董事長、總經理的頭銜所帶來的權力。也有人認為在辦公室的門上或辦公桌上的牌子上刻的執行長、總裁字樣，足以讓同事們遵從他的想法，照他的話去做。近年來領導方面最大的改變就是，威權式的領導已經一去不回了。

你看艾森豪將軍，他沒有親自率兵打過什麼仗，但卻可以擔任盟軍最高統帥，揮軍登陸諾曼地，贏得二次世界大戰勝利。艾森豪沒有任何耀眼的學歷或學位，只是軍校畢業，但他卻可當上美國著名學府哥倫比亞大學的校長，與很多博士校長比起來毫不遜色。艾森豪沒有做過市長、州長、部長或國務卿，但他可以做總統。將美國總統任期明訂為八年的是他；讓州政府能為自己的州做更多決定的也是他。

艾森豪在領導力方面的特色是什麼？

1. 真心地給別人重要感

他在巡視部隊前會先看他們的名單和照片。於是在集合時，他可以叫出很多部屬的名字，讓人覺得好溫馨、好振奮。

2. 態度控制

工商業界的高階主管能做好態度控制已經很不容易了，將軍、官員更是困難。有一位少尉軍官飛行員在菲律賓對他的長官艾森豪大吼大叫，艾森豪卻面帶微笑地

走開了,令這位小少尉難堪不已。艾森豪自認態度控制影響他一生甚鉅。

3. 充滿自信

艾森豪做了十一年的中校參謀,在辦公室裡做幕僚工作,但帶兵機會來臨時卻毫不遲疑。人要相信自己有潛力,能做很多重大的事,能把從沒有做過的事做得很好。自信與他後來的發展也很有關係。

4. 保持彈性

艾森豪當選總統後,去拜訪他的老長官麥克阿瑟將軍。一點都不介意禮數。獲共和黨提名時,主動與塔虎特 (William Taft) 和好,得到了保守派黨員的支持。重要的是,他在做這些事時覺得很快樂。

5. 常帶微笑

艾森豪予人印象深刻的是他的笑容。笑容不但讓同事更願意接近,讓你更有親和力,笑容也是熱忱流露在外的特徵。別人常以此來決定要不要跟我們在一起,要與我們互動到什麼程度。

談到這裡,有人可能覺得這都是一些小事。其實,人的一生多半是由小事累積而成的,領導力亦復如此。

二、領導人的特質

筆者在 Duke University Executive Training Program 曾經學習過 Leadership 的課程,Leadership 對高階管理者尤其重要,怎麼去領導你的公司、怎麼去領導你的部門是很重要的課題。以前在 EMBA 教過 Leadership 課程,最近在企業經理協進會講授「領導變革」(Leading Change) 課程,其中花了很多的時間談到領導的特質 (Character of Leadership),筆者在課堂上筆者是以 GE 的 Jack Welch 和 Coca Cola 的 Roberto Goizueta 為例加以講述。

「一位好的領導人有些什麼特質呢?」

大家眾說紛紜，各有說法，筆者選擇了下面幾個人的看法供大家參考：

張忠謀的五項社會領導人特質

台灣大學的校慶慶祝大會上，台積電董事長張忠謀應邀致詞，勉勵台大學生期許自己未來成為社會領導人才；台大應以培養社會未來領導人才為使命。他並提出社會領導人才應有的五點特質，勉勵台大學生。張忠謀提出的五項社會領導人特質是：

1. 要有正面價值觀、
2. 要有終身學習與獨立思考的能力、
3. 要有溝通能力尤其要有「聽」的能力、
4. 要有豐富的國際觀、
5. 要涉獵專業以外許多相關領域的知識。

張忠謀提出社會領導人才的五大特質，他說，在自由民主與市場經濟及全球化等政治經濟主流思想下，個人主流價值在追求名利，這頂多只是中性價值，我們還需要提昇社會的「正面價值觀」，包括誠信、正直、辨是非、明黑白、守法、分工合作、對社會有熱情，這些正面價值與不可避免的名利中性價值合起來，才可使社會提昇。他表示，這些正面價值其實大部分是從前四育中的德育與群育，許多人說大學要塑成年輕人的價值觀已經太晚，他認為應該說大學是形塑年輕人價值觀的最後機會，尤其領導人價值觀更是最重要。

Comments: Morris 談的五項領導人特質似乎比較偏重領導人的能力方面。

Charles Caudill, 10 Qualities I Have Noticed in Great Leaders

10 QUALITIES I HAVE NOTICED IN GREAT LEADERS By Charles Caudill

1. They Have People Skills
2. Leaders Have a Positive Attitude
3. Leaders are Focused
4. A Leader is Committed

5. A Leader is Willing to Change

6. A Leader Learns to Persevere

7. Leaders Rely Not on Talent Alone

8. Leaders Learn to Make Good Decisions With Limited Information

9. A Leader Sets Goals

10. A Great Leader Has Heart!!

　　Charles Caudill 在「我所觀察到的十個領導人特質」一文中談到這些領導人的特質如下：

1. 領導人重視與別人相處
2. 領導人懷有正面積極的態度
3. 卓越的領導人事事專注
4. 領導人是委身的人
5. 領導人願意改變
6. 領導人學會忍耐到底
7. 領導人不單靠才華
8. 領導人學會根據有限資訊作出最佳決定
9. 領導人設定目標
10. 偉大的領導人都是有心人

　　Comments: Charles 談的似乎著重於領導的 mindset and attitudes。

李・艾科卡「領導人的九個 C」

　　美國李・艾科卡提出「領導者的九個 C」，艾科卡呼籲大家，用下列的 9C 原則逐項檢視你周遭的領導人。

1. 好奇心 (CURIOSITY)

　　領導人必須聆聽身邊除了「是，長官」那群人以外的民意。他必須大量閱讀，因為這世界是個複雜的大地方。

2. 創意 (CREATIVE)

願意出奇招，嘗試不同的東西。領導人就是管理改變——無論你是領導一家公司或一個國家。世事多變，你要有創意，適應環境。

3. 溝通力 (COMMUNICATE)

不是耍嘴皮子或丟出一堆口號，我說的是面對現實講真話。他們把多半時間用來說服人民，「事情沒有看起來那麼糟」。即使痛苦萬分，溝通必須從說實話開始。

4. 品格 (CHARACTER)

懂得是非之別，有膽子做對的事。亞伯拉罕‧林肯說過：「如果你要測試一個人的品格，就給他權力。」有品格的領導人，不會要求任何士兵為了失敗的政策去死。

5. 勇氣 (COURAGE)

我是說要有 guts（即使女性領袖也一樣）。虛張聲勢不是勇氣，撂狠話也不是勇氣。勇氣是願意坐到談判桌上開始協商，明知會喪失選票也要堅守立場。

6. 信念 (CONVICTION)

胸中有一把火，你要有熱情，你要真心願意做一些事。

7. 領袖魅力 (CHARISMA)

我說的不是愛作秀。領袖魅力是讓人想要追隨你的特質，是啟發別人的能力。人們追隨領袖是因為信任他，這就是我對領袖魅力的定義。

8. 能力 (COMPETENT)

好像廢話，不是嗎？你必須知道自己在做什麼。更重要的是，你身邊的人也要知道他們在做什麼。

9. 常識 (COMMON SENSE)

沒有常識，就不能當領導人。我想我們的總統偶爾也該來現實世界看一看。

10. 最重要的 C 是危機 (CRISIS)

領袖不是天生，而是後天培養的。領導力是在危機的時刻淬鍊而來。把腳翹在辦公桌上大談理論，或是從未上過戰場，卻把別人家的小孩送去打仗很容易。但是當你的世界岌岌可危，領導又是另一回事了。

Comments: Lee 談的似乎又太一般性的原則。

整理綜合歸納的領導人的特質

當一位領導人不斷追求和學習發展影響力的新價值觀時，他所表現出來的氣質、見識與能力，都能令周圍的人深深感受到他越來越有影響力。影響力可以被整個組織上上下下的人感覺出來的，它提供和激發了工作的步調、活力與熱情，並且促使大家發自內心無悔執著於共同的目標，一起奮鬥不懈。今天的領導人除了非常需要瞭解人性，並獲的部屬的敬重之外，更要進一步懂得利用不同的方式去影響部屬，以創造出一種值得部屬共同支持，甚至自願無私奉獻的環境和氣氛。而這些成功的領導人或多或少都具有以下四項特質：

＊領導上的特質
＊人格上的特質
＊能力上的特質
＊態度上的特質

1. 領導上的特質

(1) 有願景 (Vision)：Set Goals，有旺盛企圖心，高瞻遠矚，開創未來的特質

(2) 有膽識、有勇氣，能夠創新思考

(3) 主動追求挑戰，能承擔風險 (Take risk and Willing to Change)

(4) 有決斷力，勇於作困難的決定 (Make Good Decisions With Limited Information)

(5) 知人善用，能夠發掘和培育其他領導人

(6) 有長期堅持的韌性 (Tenacity)、毅力 (Persistent)，鍥而不捨

(7) 有領袖魅力 (Charisma)

2. 人格上的特質

   (1) 誠信，重守承諾

   (2) 為人正直

   (3) 以身作則，言行一致的特質

   (4) 有自信 (Confidence)

   (5) 要有正面價值觀、道德觀與倫理價值

   (6) 辨是非、明黑白、守法、對社會有熱情

   (7) 公私分明

   (8) 能自我反省

   (9) A Great Leader Has Heart!

3. 能力上的特質

   (1) 不斷的提昇自我能力

   (2) People Skills

   (3) 要有溝通協調能力，尤其要有「聽」的能力

   (4) 要有影響力，感召部屬的能力

   (5) 灌能授權 (Empowerment)

   (6) 要有終身學習與獨立思考的能力

   (7) 要有豐富的國際觀

   (8) 要有執行力、行動力

   (9) 要有適應力，環境變遷掌控的能力

4. 態度上的特質

   (1) Positive Attitude

   (2) Aggressive

   (3) Focused

   (4) Committed

   (5) Cooperative

   (6) Responsible

Comments: 參酌了大家的看法，再從企業管理上提出一些個人的見解，似乎是比較周全，比較令人滿意的答案。你覺得呢？

當然 nobody is perfect，我們不可能擁有所有的優點特質，有些人在某些特質上有卓越的表現，其他的項目則表現平平。現在你也可以用上述的 criteria 去檢驗一些國家領導人、企業領導人、你的公司主管，是否擁有這些特質？是否擁有他(她)領導上的特質、人格上的特質、能力上的特質和態度上的特質呢？是不是一個優秀的領導人呢？

三、領導原則

最有效的領導風格是利用對下屬的情感和思想的瞭解，運用人與人溝通的熟練技巧。領導才能不是與生俱來的，是可以培養出來的。要做一位好領導者，必須掌握以下領導原則：

首先，必須讓下屬獨立自主地作業 (empowerment)。
其次，應允許別人申訴不同的反對意見，與自己唱對台戲。
此外，身為領導者，永遠不要忘記自己身為領導者的職責。

除此之外，要使屬下願意忠心耿耿的為領導者效勞，緊密團結在領導者周圍，其作用得到充分發揮，這裡還涉及到一個領導者的用人藝術問題。一般地說，領導者處理好與其他成員的關係，應注意把握住以下幾個方面：

1. 關心、尊重、理解下屬
2. 分工授權，用人不疑
3. 領導者應有寬容精神
4. 承認下屬工作的價值
5. 運用幽默語言
6. 要樂於接受監督
7. 要保持清廉儉樸

8. 善於網羅人才

領導者失敗的十個主要原因

當然，現實社會生活中不乏失敗的領導人。現在我們來談談領導失敗中的主要錯誤，因為知道什麼不能做與知道什麼能做同等重要：

1. 不能組織詳細的資料。
2. 不願提供卑微的服務。
3. 過度期待他們個人的報酬。
4. 害怕來自下屬的競爭。
5. 缺乏思維。
6. 自私。
7. 無節制。
8. 不忠實。
9. 強調領導的「權威」。
10. 注重頭銜。

我們唯有得到同事和部屬的支持、合作，才能成功。要想獲得支援與合作，必須有領導能力。所以，領導能力實在是成功的必要條件。領導能力不是與生俱來，它是可以培養出來的。

接著我們要談談使別人樂於和我們合作的四個領導原則。這些原則可以應用在管理上、工作上、社交上、家庭生活上，也可以運用於任何地方。這四個領導方法是：

1. 跟那些你想去影響的人交換意見。
2. 考慮要周到。處理事情時要多思考還有哪些符合人性的方法。
3. 盡量追求進步。相信還可以進步，更要推動幫助進步的行動。
4. 撥出一點時間和自己交談、商量或從事有益的思考。

只要熟練地應用這些原則，就會產生良好的結果，還可以抓住「領導術」的奧

祕。我們來看看應該怎麼做吧！

第一個領導原則

跟那些你想去影響的人交換意見。這是使別人(包括朋友、同事、顧客、員工)依照「你希望的那種方式」去做的祕方。

設法培養「隨時跟那些你想去影響的人交換意見」的能力。下面的練習可以幫你做到：

1. 指示某某人工作：站在新進人員的立場上，我的指示是不是很清楚？
2. 模擬廣告文案：如果你是個典型的顧客，對於這個廣告有什麼反應？
3. 打電話的方式：如果你是接電話者，對打電話人的語氣有什麼反應？
4. 選購禮品：這個禮品是不是你想要的，或是不是他想要的？
5. 你發佈命令的方式：如果他們用「我命令別人的」方式來命令你，你願不願意去執行？
6. 關於孩子的管教：如果你是個小孩子，你是否會接受這種方式的管教？
7. 你的衣著：如果你的老闆也像你這樣的穿法，你會怎麼想？
8. 準備一次演講：考慮到聽眾的興趣和背景，你身為聽眾，對這個演講有何感想？
9. 娛樂、嗜好：如果你是客人，你喜歡哪一種食物、音樂和曲目？

實行「跟別人交換意見」的具體作法有：

1. 要考慮並體諒別人的處境，就是要設身處地為別人著想。
2. 接著問自己：「如果我是他，這件事情應該怎麼做才好？」
3. 然後就要實行「如果你是別人，別人會讓你怎麼做的那種行為」。

第二個領導原則

考慮要周到。

在處理事情時，要多考慮還有哪些符合人性的方法呢？人人都用自己的方法來

領導別人，其中常見的一種方法就是扮演獨裁者。獨裁者的每一個決定，都不會徵求相關人士的意見。他不接受部屬的意見，基本原因是害怕部屬是對的，會傷他的面子或破壞他的形象。獨裁者通常都維持不了多久，因為他的部屬羽毛未豐時會暫時屈服，但是他們很快就感到不耐煩，優秀的人員也會遠走高飛，留下來的大部分是二流角色，更會相互影響，不做正事。這時員工素質明顯降低，處理事情更不順手，甚至可能聯合起來反抗，結果使公司的組織功能無法順利發揮。此時，獨裁者不得不嚴密防範能力比他強的人，企圖挽回頹勢，如此上下交攻、越演越烈，最後一發不可收拾。

第二種領導方式是那種鐵面無私、不通人情的刻板方式。這種領導人處理任何一件事情，都要引經據典。他並不瞭解每一個政策都只是一般情況的標準而已。最糟糕的是這種領導人都把別人看成機器，而人們最不喜歡的事情就是被看成機器。那些鐵面無私、沒有感情的效率專家並不是理想的領導者，因為幫他工作的那些機器只能發揮出一小部分潛能而已。

真正卓越的領導人則使用第三種所謂「人性化管理」的方式。下面是使用人性化管理方式使你成為更好的領導人的兩個方法：第一，遇到跟人事有關的難題時，要及時反問自己：「處理這件事最合乎人性的方法是什麼？」第二個使用「人性化管理」的方法是：把別人看得都很重要，要關心部屬的成就。

第三個領導原則

盡量追求進步。相信還可以進步，更要推動幫助進步的行動。

第四個領導原則

撥出一點時間和自己交談、商量或從事有益的思考。

我們都以為領導人特別忙碌，實際上他們真的很忙，但是我們往往疏忽了這一點，那就是領導人每天都要花很多時間來單獨思考。

政治上呼風喚雨的領導人，不管善惡，都是由獨居中獲得極其罕見的洞察力。如果羅斯福總統未罹患小兒麻痺症，沒有獨居養病，就不一定有超人一等的領導能

力了；杜魯門總統在密蘇里州的農場內，單獨度過長期的青少年時代。傑出的領導人物都從獨居中發展了超級的思考能力和領導能力。

拿破崙‧希爾在給受培訓的學生上課時，要求13個學員每天把自己關在臥室一小時，一連兩個禮拜，看看有什麼結果。兩個禮拜以後，幾乎每一個學員都說這個經驗確實非常難得而有用。其中有一個還說，在這以前他差點跟另一家公司的主管絕交。經過清晰的思考以後，他已經找到問題的原因和改進的辦法了。還有人說他們已經解決許多棘手的問題，這些問題多半與換工作、婚姻不和諧、買房子以及替孩子選擇學校有關。每一個學員都熱烈地說，他們比以前更瞭解自己，更清楚自己的優點和缺點。他們還發現，在合理的獨處時所做的決定或觀察都百分之百的正確；他們又發現「濃霧一旦消失，真相就水落石出」，因而得到了正確的抉擇。

現在就開始每天撥出一點時間（至少30分鐘）來靜靜思索。每天凌晨，也說不定是深夜就是最好的時間，反正頭腦清醒，又沒有打擾的時間就可以。思考時，可以分析一下面臨的主要問題，你的頭腦會從客觀的角度來研究，因而獲得正確的答案。在自我反省時，思考也很有用，它會幫你想到許多基本事項，例如：「我還要怎樣才能做得更好？下一步應該怎麼做呢？」領導階層最主要的工作就是思考，邁向領導之路的最佳準備也是思考。因此請你每天都要花點時間來練習合理的單獨思考，並且往成功的方向去想。

四、培養員工的領導能力

約翰‧麥斯威爾在一本書中談到了「極速發展原則」。他認為：「不要把員工培養成追隨者，而要把他們培養成領導者。只有這樣，公司才能快速發展，讓競爭對手望塵莫及。」當管理者培養出一個領導者時，這位有領導能力的員工，不僅會積極地發揮自己的作用，也會影響他的追隨者，還會培養出其他領導者。其他領導者同樣會影響他手下的追隨者⋯⋯有公司做過一項調查，如果管理者把員工當領導者培養，該公司的貢獻將呈幾何級數增長。「極速發展原則」對於公司的發展來說，具有非常深遠的啟示意義：公司不僅要培養管理者的領導能力，還要倡導管理者培養他們手下員工的領導能力。如果你現在才意識到這樣做的重要性，那麼就

要投入一定的時間與精力了。

蘭德爾‧懷特在與他人合著的《領導能力的未來發展》一書中談道：「現在，新的公司不斷出現，也有公司不斷倒閉。這說明，公司在啟動時，總是有一個好的創意與思想，但在公司持續發展的過程中，需要不斷推陳出新，與時俱進，要吸取各種各樣的好思想。只有當公司上下所有管理者與員工都被塑造成領導者後，公司才會永遠發展下去，而不會擔心前途未卜。」

身為管理者，有必要思考以下問題：如果你的公司隨意地發展，而沒有投入時間與精力培養領導者，公司能不能極速發展，能不能在與對手的競爭中取得優勢？這都是讓人擔憂的事情；你的公司是否與時俱進，變革公司的文化，把公司的文化定位在致力於發展與提昇員工的領導能力。

五、培養領導力的方法

這一節，我們來談一談培養領導能力的方法。

1. 根據個人特質找尋培訓之道

每個組織所需要的領導模式有所不同，因此管理者應針對組織內部的需求思索本身應該具備的領導力，且不同階段的管理者對領導力有不同的需求：

＊對低階管理者而言，透過教育訓練的方式能夠有效提昇他們的領導力。
＊對中階管理者而言，他們需要藉由經驗的不斷累積來增進領導力。
＊至於高階管理者，則透過他們與部屬間的關係與回饋來提昇領導力。

但這些並非領導力提昇的標準法則，即使是同一階段的管理者，仍應針對個人的人格特質找尋適合自己的領導模式，更重要的是，領導力的培養具有目的性，管理者應專注於自身可以影響的領域，且針對組織的願景，並結合組織績效來提昇領導能力。

整體而言，一個有領導力的管理者需具備對各種事物的「好奇心」，以探究適合個人與組織的領導模式，並且不要忘了做好「自省、自知、自律」的工夫，除了

站在部屬的角度反省自己外,管理者可藉由自我瞭解激發可能的潛力,並專注於對組織具有影響力的事物。

2. 摩門教的傳教工作制度

領導能力的培育需要仰賴經驗歷練,但是大多數公司採行的做法,卻是透過職涯階梯的模式,很少對人才提供如何從經驗中學習的指導。埃森哲顧問公司(Accenture Institute) 資深顧問湯瑪斯 (Robert J. Thomas) 在最近一期的《史隆管理評論》中指出,要培育出真正傑出的領導人,企業應該刻意安排他們接受嚴酷考驗的歷練。摩門教的傳教工作制度就值得借鏡。

摩門教年輕教徒的海外傳教工作,可相比於企業主管被派往海外的工作,進入一個環境、文化、社會民情、制度不同的環境從事新工作,這是嚴酷考驗的其中一種。但是,摩門教採取非常嚴謹的態度,例如,傳教士前往每個國家之前,都必須接受密集訓練,包括學習語言與文化等技巧、學習如何解讀與研判情況、如何判斷交談對方的真誠度、如何化解衝突、如何和傳教士同伴維持關係等等。

傳教工作其實非常艱辛,得面臨種種考驗,例如,上門造訪時,一再遭到拒絕,甚至難堪對待,傳教士必須學會如何快速排解沮喪心情。所以,我們總是看到傳教士以兩人搭檔方式進行傳教工作,其中一人是較資深者,隨時提供指導與支持。通常,較資深者比另一人更早來到當地傳教,他和新搭檔有幾個月的相處,這是一種特別設計的銜接制度,利用兩人任期重疊的幾個月,幫助新搭檔適應。

在結束傳教工作返國後,教會除了舉辦歡迎會,也會輔導傳教士的家人給予歷經重大改變的他們時間和空間,讓他們重新調整適應家鄉環境。返國的傳教士恢復他們原有的生活,但他們多半會參與傳教士訓練的工作,傳授他們的經驗與心得,幫助培育下一代領導者。

因此,湯瑪斯建議企業:

* 刻意設計嚴酷考驗,或是把核心活動轉化為兼具培育領導人才的實戰舞台。但企業必須很清楚,到底期望潛力領導者從嚴酷考驗中學習什麼、建立什麼領導特質、技巧與能力。
* 在指派潛力領導者擔任嚴酷考驗的工作之前,應該協助他們做好準備。

＊在嚴酷考驗的過程中,提供支援。經驗豐富的同伴或上司應密切觀察,在必要時提出指導、意見或鼓勵。

＊設計經驗分享制度,讓歷經嚴酷考驗者分享他們的心得。

3. 人力資源管理者培養領導力的具體作為

人力資源管理者在企業進用人才的過程中,應採用何種領導模式?花旗銀行的做法是以花旗銀行的儲備主管訓練計劃 (Management Associate Program,簡稱 M.A. Program),人力養成可分為四個要項。

(1) 人才的定義

人才選用的初期,人力資源的管理者應瞭解自己,並找尋與自己契合的人才,以便針對組織願景定義人才所需具備的人格特質,例如資源尋求力、求新求變的能力、整合能力、承擔風險的能力、積極進取的態度、執行力等。

根據 USA Today 的報導,談到公司在徵人最重視應徵者的項目中,以總分 5 分來計,儀態 (Attitude) 在主管們心目中的份量最高,佔 4.6 分;其次是溝通技巧 (Communication Skills),包含談話技巧、寫作能力、能否傾聽別人說話等,佔 4.2 分;第三是工作經驗 (work experience),佔 4.0 分;第四是上一位雇主給你的推薦函,附上一封強而有力的介紹信,佔 3.4 分。

(2) 人才的分類

管理者可依人才進用的優先順序製作九宮格的人才分類表,詳細內容請見下表,藉此發展適用的人才養成工具,並瞭解各類人才的可能發展空間,進而有助組織績效的提昇。

人才進用的優先順序表 (九宮格)

	Exception	Full performance	Contributor
Turn/ High-potential	1	3	6
Growth/ Promote	2	5	8
Mastery	4	7	9

(3) 擬定儲備人才計劃

　　管理者可依照組織所定義與分類的人才，並配合組織願景與組織績效擬定人才培訓計劃，以便共同創造組織的價值。

(4) 使用基本的人才養成工具

　　管理者所使用的管理工具可包含才能定義工具、風險評估工具、影響力評估工具、談話技巧指引、執行計劃等，且人才養成工具的發展仍需以組織願景、組織績效、人才特質為依據。

　　上述四個階段的工作任務，可作為人力資源管理者培養領導能力的參考依據，並由管理者依循本身的個人特質與組織環境做適當的調整。綜言之，一個好的管理者仍需不斷的反省自己與認識自己，並且對於能夠影響組織的事物充滿好奇心，以找尋適合組織的管理模式，此種管理模式必須以組織願景為基礎來提昇組織的內部績效，更於有形無形間增進管理者的領導力，成為一個與組織契合的管理人才。

4. 內部培養領導者

　　領導技能是可以從學習中獲得的，但是這種學習必須立足於實踐而不單是理論，而且是一個持續不斷的過程。領導力可以分為兩個層面：一是組織的領導力，即組織作為一個整體，對其他組織和個人的影響力。這個層面的領導力涉及組織的文化、戰略及執行力等。二是個體領導力，對於企業來講，就是企業各階層管理者和領導者的領導力。

　　全球知名人力資源諮詢公司 Booz Allen Hamilton 的專家 Chuck Lucier 研究了從外部引進的 CEO 與由內部升遷的 CEO 在一段較長時間內的業績表現。他發現：

＊總體上看，外部 CEO 在他們任期的早先階段業績很好，而在以後階段則表現極差；內部 CEO 在業績上卻具有「極好的均衡性」。

＊外部 CEO 擅長於將陷入困境的公司所需要的快速降低成本、資產或業務分割等活動，但他們不太擅長維繫公司的長期增長。

＊供應有限。領導人才始終是一種稀缺資源，熟諳市場經濟的企業領導人才更是奇缺，有多少既具備領導才能又適合特定企業的文化、價值觀的領導人才

可供選擇呢？大家都到外部引進，供給者何在？無疑，領導力培養的另一種方式——內部培養將是主要方式。

在內部培養領導者方面，世界先進企業的一些做法值得我們的借鑑：

(1) 行動學習 (Action Learning)

「行動學習」就是通過行動來學習，即通過讓受訓者參與一些實際工作專案來提高他們的領導能力，如領導企業轉虧為盈、參加業務拓展團隊、參與專案研究小組，或者在比自己高好幾等級的卓越領導者身邊工作等。行動學習是一項既有趣又具操作性的活動，摩托羅拉公司主管全球組織學習和開發的董事蘇珊‧胡克 (Susan Hooker) 曾說，行動學習安排能夠幫助這些潛在的領導者為更高層級的工作做好準備，提昇自己的能力。

目前不少企業已經採用了「職位輪換」(Job Rotation) 的方法培養領導者，如果 rotate 的人在每一個工作崗位上都能經手一些特殊的創新性工作項目而不僅僅是常規工作，"Job Rotation" 就會成為實實在在的行動學習，會更有利於這些人員領導能力的提高。其實，行動學習受益的對象不僅包括領導者，還包括公司。Jack Welch 在其自傳中談到，GE 通過把各種培訓變成行動學習，「從而使這些學生成為公司最高管理階層的內部諮詢師。」西門子公司過去完全把一些問題交付給諮詢公司處理，現在它把這些問題交給了自己的高潛力領導人才。通過組建行動學習團隊，西門子公司一年之內在諮詢費用上節省了 300 萬至 400 萬美元；此外，還產生了 1,100 萬美元的成本節約。

個人學習提高 (Individual Preparation) 和技能培養 (Skill Development)，這種方法旨在幫助管理者個人學習有關領導力的基本觀點，探討新的技能和獲得對領導力的資訊回饋。行為學習 (Action Learning)，這是一種學習方法，今天所有的領導力課程可能都以行為學習為中心。

(2) 教練 (Coaching)

教練是一種實操性的、個性化、一對一的領導力培養方式，其基本做法就是教練員按照協商一致的行動步驟，定期與經理人探討領導者成功的奧祕，幫助解決領

導者實際工作中遇到的問題。教練不僅能夠使領導者提高個人績效，或者使其重獲職業生機、順利完成諸如變革之類的組織性議題，而且能夠幫助新提拔的高級經理人加速融入領導者團隊，能夠將他的學習曲線減半，及早培養關鍵成功能力。

一項研究成果顯示，新上任的高級經理一般經過 9 至 12 個月的時間才能有效履行其職責，才能夠完全發揮出潛力。大約 40% 的高級經理人在第一年不能完全釋放自身全部潛力。由於適應能力欠缺，不能產生顯著成果，相當一部分新提拔的高級經理人在上任後的 20 個月時間內離任。因此，當關鍵員工被安排到新崗位上時，教練變得尤為有效。教練方式在美國變得日益盛行，教練服務的費用也相當昂貴。

(3) 接班人計劃

接班人計劃既是一種領導力培養方式，也體現領導力培養的結果。由於企業成長和競爭需求的變化，對領導者繼任計劃進行精心規劃的戰略重要性日漸突顯。甚至內部的評估標準如業績評價 (Performance Appraisal) 和 360 度評估工具 (360-degree assessment tool)，現在也在給管理者的資訊回饋中加入了對領導力的評估。

民營企業在這個方面表現得更為迫切。民營企業崛起的時間，第一代創始人大都年富力強，第二代尚在成長之中，他們的面前有太多的不確定性，而中國「富不過三代」的警言常常讓民營企業的創始人食不知味。實際上，接班人計劃不僅包括公司 CEO 的繼任，而且包括為所有關鍵職位遴選合適人選，甚至能夠為未來會出現的某些關鍵職位準備領導人才。如果公司計劃擴大自身規模，那麼必須擁有更多才華橫溢的領導者。

(4) 企業商學院 世界許多知名公司通過企業商學院培養領導者

國外機構如 GE 的 Welch 領導學院、HP 商學院、摩托羅拉大學等。近年來，國內一些企業也紛紛設立了自己的企業大學，負責培養各級經理人的管理和領導能力。

六、「領導才能訓練」課程設計

1. 目的

　　欲訓練學員的領導才能，須先讓學員瞭解作為一個領導者所具備的特質與能力，再朝著這些目標做練習活動。課程設計的指標，採 Judkins (1900) 提出的「成功的領導者」所具備的特質，欲達成以下幾點目的：

＊具有決策能力與技巧。
＊具抽象概念與創造力。
＊具應變能力及適應能力。
＊自信心強，能瞭解自我。
＊有良好的溝通能力與傾聽技巧。
＊具容忍力，有同理心。
＊有熱心服務的精神。
＊有責任感。

　　此外，「人際交往的技巧」也是領導才能所不可或缺的一種能力，也是我們欲達成的目的之一。

2. 方式

　　一個領導者如何培養其優秀的領導才能，固然不可忽視個人的修為與領導特質的培養，而對領導者的自我概念及可以學得的各項屬於領導的能力，更需要有實際的經驗與學習。所以領導才能訓練乃從情境領域的教學策略中來發展設計，著重以下幾種能力的訓練：創造力的訓練、人際技巧的訓練、問題解決的訓練、人際溝通的訓練、態度與人格方面的訓練等。可以利用人文創思課程與團體活動課程的時間來實施。

　　人文創思課程，著重靜態性的認知學習，學習人際交往的知識、設身處地為對方設想的同理心、有效的溝通能力、抽象思考與創造能力、預測變化的能力等；團體活動課程，採小團體活動的方式，著重動態性的活動學習，讓個人在團體中達到

自我實現、達成團體目標、建立成員間有效和合作的關係並培養服務精神、適應能力、責任感等。

3. 內容 (活動設計)

單元	母鴨帶小鴨	溝通的藝術	當我們同在一起
主題名稱	金字塔的運用	口語溝通	讓你的人緣更好
	應變能力創思	肢體語言	人際關係開場白
	適才適性	洗耳恭聽	幽自己一默
			良好的第一印象
			朋友樹

　　領導才能訓練課程對學員正向自我概念、創造力、領導能力訓練具有正向的效果。領導才能訓練的內容是多樣化的，有以未來取向為重點的課程內容，以增進溝通技巧為重點的課程內容，以問題解決、作決定為重點的課程內容，有以創造性領導才能為重點的課程內容，有以自我概念、自我發展為重點的課程內容，還有綜合性的課程內容。各類的課程內容雖然有不同的重點，但領導能力的訓練卻不是單一課程內容就可以達成的。因此，欲訓練領導者具有多方面的才能，應施以綜合性的課程。

腦力激盪、實務精進

❶ 分析自己工作上的領導能力，寫一份報告。
❷ 檢討自己工作的領導能力，寫一份改進領導能力的報告。
❸ 觀察自己工作單位主管的領導能力，寫一份報告。

Chapter 16

執行力
EXECUTION

本章學習目標

藉由本課程
1. 從管理循環去瞭解執行力,體認執行力的基礎理論與重要性。
2. 全方位考慮執行力的要素、本質與現象,奠定個人執行力的信心與動力。
3. 瞭解企業組織中個人執行力是建立企業組織整體競爭力的根源,進而強化企業組織的功能與績效。

Execution — The Discipline of Getting Things Done
沒有執行力，哪有競爭力

一、管理循環──計劃、執行、控制

什麼是執行力？
1. 失落的環節。
2. 公司無法達成原先承諾的主要原因。
3. 公司領導人希望達成的目標與組織實踐能力之間落差。
4. 不僅僅是戰術，而是透過發問、分析、追蹤來完成任務的一套系統，也是讓策略與現實相符、人員與目標契合，並達成許諾結果的一種紀律。
5. 公司策略與目標的核心部分，也是任何企業領導人的主要工作。
6. 有賴於對企業及其員工與環境有完整瞭解的一門學問。
7. 將企業三項核心流程──人員、策略、營運──銜接起來，以準時完成任務的方法。

把一個「對的任務」或「對的策略」徹徹底底的完成就是執行力。

克萊斯勒破產，飛雅特 (Italy Fiat) 入股 Chrysler；飛雅特執行長 (CEO) 馬奇翁 (Sergio Marchionne) 接受《哈佛商業評論》採訪時，說道：「我擔任 CEO，主要的職責是設定目標，並協助主管想出達成目標的方法。」沒有目標，就像是開車沒有目的地一樣，不管你開多快，你什麼地方都去不了。如果你沒有決定今天要做什麼事 (決心)，你什麼重要的事都不會做。大多數人將兩天可以完成的事情，拖到兩星期，甚至一個月才完成。

常見「執行過程」之現象
* 說目標的時候廢話連篇，又多又長，無法一目瞭然，一個組織之目標只能少不能多，目標太多反而不易實現。
* 領導人或主管有目標，但未告知員工全力執行；或是主管有目標，員工不知如

何去執行；或是目標 (預算目標) 未載明行動計畫及執行單位與人員，致執行方向與方法有誤，常造成嘗試與錯誤 (Try & Error) 效應，浪費人力、物力。
* 決策目標制定前未做好充分溝通參與，制定後反反覆覆，朝三暮四，無所遵行，浪費資源甚鉅。
* 目標受高層施壓或法規及預算限制，無法及時修正與調整，影響目標達成。
* 策略之規劃要衡量組織資源、人員執行力，並訂定行動計劃，否則不易、也不能執行。
* 組織訂下目標後，只要按時去做即可，很少關心執行是否有成效？執行有無困難？需否協助？多半事情做完後，並未檢討有無達成目標？

二、為何需要執行力？

一般企業的通病：

* 承諾目標無法貫徹執行
* 目標與現實脫節
* 所訂定的政策目標一變再變，無法遵行
* 無專業能力的人擔任執行主管
* 無執行決心與信心
* 找不到可以貫徹執行人才
* 無行動計劃或執行方案
* 無核心流程或資源不能配合

在勞倫斯‧郝頓的 (Laurence Haughton)「如何讓決策開花結果？」(It's Not What You Say… It's What You Do) 文中，他指出以下要點：

* 方向正確、目標明確、策略精確……所有的「確」都抓在手上，為什麼最後還是失敗？因為「光說不練」是絕大多數企業的通病；只有創造力，沒有執行力，再宏偉的計畫都只是淪為空話。

＊要推動策略後續的執行作業，必先找到一名「鬥士」，在方向確立後，網羅好手、買通員工、激發進取精神，自然可以打破一般企業高達 50% 以上的決策失敗率，達成公司既定的目標，也成為說到做到的領導者。

公司的最佳決策，為什麼往往撐不到二年就無疾而終？

一般企業切實執行既定決策的比例，大約只佔全部決策的一半。究其原因，往往是因為大家在執行決策時就把其他決策擱置在一邊，到最後通常也就不了了之。不少研究結論指出，在過去 50 年來企業成長趨緩的案例中，有 83% 並非受外部經濟因素的影響，而應歸咎於公司未做好後續執行工作。

因此為了改善績效，與其費盡心思務求找到完美的策略，不如多費一些工夫執行現有策略，達成既定目標，做一個說到做到的領導者。領導人要能說到做到必須善用以下的四大基石。

1. 確立清楚明確的方向

每位主管剛開始的時候都是求好心切，然而因為繁忙工作的壓力，往往讓他們無法清楚表達要達到的目標究竟是什麼。無怪乎部屬往往會走錯了方向。為避免發生這種情形，必須做到以下三點：

(1) 訂定明確可行的目標。
(2) 養成同理心，從員工角度看事情，幫助員工釐清所有疑點。
(3) 分派任務時要提供戰略，幫助員工達成既定目標。

2. 網羅適當好手

如果能網羅到適當的好手，便可以大大增加成功執行既定策略的機率。網羅適當好手，有下列三項要點：

(1) 永遠記得把正確的工作態度擺在第一位，而不是他們過去的工作經驗。
(2) 確保大家都清楚組織的目標是什麼。
(3) 找到合適人選擔任鬥士，確保員工確實執行既定策略。

3. 一開始盡量「買通」(buy-in) 員工

不要認為只要提出合理的目標，大家就會毫不猶豫地全力投入。你應該預期人天生就有抗拒改變的惰性。以下做法可以有助於你買通員工：

(1) 運用技巧說服抗拒的員工。
(2) 指導員工不妨先試試看，不要一味排斥新構想。
(3) 成立一個大家都熱切想要參與的執行團隊。
(4) 讓大家都能親自參與。

4. 以員工的進取心作為前進動力

領導者必須想盡各種可行方法維持大家高昂的鬥志，惟有領導者鼓勵員工發揮進取心、自動自發，才能維持高昂鬥志，達成最終目標。為此，領導者應採取以下作法：

(1) 和員工分享你做特定事情的目的。
(2) 更加尊重員工的判斷。
(3) 賦予員工足夠而不是過多的責任。

做好領導人　夏藍提五建言

國際企管大師、暢銷書《執行力》作者夏藍來台演講時，他提出五大建議給有心做好 21 世紀的企業領導人，包括：看到未來的能力、找到對的人、知道客戶要什麼、保持革新 (才不會被淘汰)、勤奮工作。他說，這五大建議看似老生常談，但要做到並不容易。被《經濟學人》雜誌譽為「時代導師」的夏藍，應《遠見‧天下》文化事業群邀請來台演講，並發表中文版新書《逆轉力》，教大家行動為先，快速應變。

在亂世要怎麼做，才是好的領導人？

(1) 夏藍說，第一個關鍵在，「你能不能看到未來」，這點最難，也最關鍵。他以 Napster 和蘋果電腦為例，Napster 是全球第一個可從線上下載音樂的網站，但也因為被音樂界認為侵權，在司法訴訟後被迫關門；但隨後蘋果電腦卻看到了網路商機，並抓到竅門。其實蘋果在 1997 年也快關門，但領導者換人後，

在電腦及網路業成為一方之霸，iPod、iTunes、iPhone 個個叫座，也改變音樂、媒體、手機產業生態。

(2) 找到對的人才、放在對的位置上。夏藍說，有些人才很棒，但進一家公司後就是不能展長才，可能他與這家公司文化不符，領導人務必要適時割捨。

(3) 領導人也應是最懂市場的銷售員，要知道客戶到底要什麼。他建議企業主，不要老從自己的思維出發，要反方向，從顧客的角度回過頭來看市場，或實地查核消費者生活或處境，才能抓住客戶。

(4) 要革新，但不是發明。他說，市場瞬息變萬，企業改變的速度稍慢於市場，就等著被淘汰，但革新並不是要每個企業都去發明什麼新玩意，而是將一個很好的點子轉換成客戶需求，當符合客戶需求時，就會開始賺錢。

(5) 不要說太多、想太多，趕快實際去做。

介紹《執行力 Execution -- The Discipline of Getting Things Done》一書的要點

本書是由包熙迪 (Larry Bossidy) 及夏藍 (Ram Charan) 聯合著作 (天下遠見出版公司於 2003 年出版)，包熙迪任漢威聯合國際公司 (Honeywell International) 董事長及前任執行長，曾任聯合訊號公司 (Allied Signal) 董事長及執行長、奇異公司營運長、副董事長；夏藍是非常受歡迎的管理顧問，《財星》五百大公司如奇異、杜邦、高露潔及棕櫚等知名大企業都曾向他諮詢，兩位作者均具有非常豐富的管理實務經驗，理論與實務並重，其所提供之經驗、方法，均為實際發生之事例，並經驗證之結果，層次架構系統分明，翻譯用詞簡單易懂，深受各界喜愛。

1. 執行力 (Execution)——跨越策略與現實之間的巨大鴻溝

目前甚多企業經營管理之學者專家，均教人如何制定策略、設定目標，適應變遷，可是並未談及如何執行，好像如何執行是很簡單的、理所當然的事，這是第一本教大家如何執行的書。事實上，策略目標確定後，執行力才是影響成功的關鍵。

台大國際企業系教授湯明哲於該書導讀中曾說，該書是填補管理最大的黑洞，對策略管理的學者而言，本書絕對是好書，可以彌補策略與績效的差距。趨勢科技公司總裁張明正更感慨萬千，稱本書為「執行力萬歲」，張總裁坦言，執行力讓趨勢造英雄，趨勢彷彿照這本金科玉律執行成長，可見本書已說中目前企業興衰與起

落。不但對企業，而且對個人、家庭，甚至政府，均非常有助益。如果只是規劃目標而無法執行或不去執行，那只是空談、理想而已。

2. 主管領導力評價

根據《管理雜誌》針對職場人士所進行的「主管領導力評價」調查，台灣主管級領導人的領導力只得到 50 分，顯示台灣主管級領導人的擔當不足、貫徹理想的執行力欠佳，讓部屬信賴程度低，也難以成為部屬仰慕、崇拜及跟隨的典範，領導中沒有貫徹理想的執行力和只會空口談計畫，缺乏行動力都佔了 50% 以上。

3. 魅力領導排行榜

本次調查同時進行國人心目中誰最具領導魅力，結果揭曉，前三名均是企業領導人，依序分別是：郭台銘 (18%)、嚴凱泰 (14%) 及王永慶 (10%)，具有西方經營之神美譽的傑克·威爾許 (Jack Welch) 排名第八，而擠進前十名的政治領導人，均不足 2%。

保聖那管理顧問亞洲區執行長、經緯智庫 (MGR) 總經理許書揚認為，領導者是指具有解決社會能力的人，從排序中很清楚地發現，成功企業家排前面，政治人物在後面，表示社會大眾心目中具有魅力的領導者是企業人，一般人對政治人物較不具信心。

4. 執行力為何重要呢？

美國一千大企業 (以市值計算) 調查結果出爐，奇異、微軟、艾克森美孚、威名百貨和花旗集團分別高居全球前五大市值最高的企業，其特色均與具有很好的執行力或執行績效有關。執行力為何重要呢？成功只有願景沒用，最重要的是要去執行。個人如此，企業及政府更是如此。尤其政府政策，影響層面更大，如不認真執行或執行不力，反而有負面效果。

本書列舉許多企業發生的問題，其失敗多歸因於景氣變遷、策略願景一大堆但卻太過理想、部屬不配合、光說不練、流於呼口號等因素，但不敢坦承執行力不佳，因為執行力代表個人能力問題，往往牽涉到領導者的去留問題，動輒走上被解僱的命運，因此很少領導者會檢討自己，常會歸責於自己以外的因素。

5. 甩開競爭對手的關鍵

作者提到，現在企業領導人開始注意到執行與經營成果的關係，如康柏 (Compaq) 公司董事長兼執行長羅森 (Ben Rosen)，其董事會在開革前任執行長費佛後指出，公司策略並沒問題，問題出在執行方面，每當企業未達成預定目標，其解釋均為執行長策略有問題，僅在 2000 年這一年中，《財星》五百大的前 200 家公司中，就有 40 位執行長遭到開革或被迫離職，這些都是很優秀的公司，一再無法達成原先承諾目標而丟了工作，其原因就在執行與經營成果的關係，作者仍提到這種現象持續到 2001 年及 2002 年均未見改善。

本書並舉《財星》五百大公司中名列前茅之戴爾 (Michael Dell) 公司為例，說明戴爾對執行非常在行，運用直接銷售與接單生產策略，加上優異的執行能力，控制成本，使它能超越康柏，成為全球最大的個人電腦製造商。同時，又舉全錄 (Xerox) 及朗訊 (Lucent) 二家大型公司因執行有落差，而遭致改革失敗之例子。全錄失敗原因為執行長托曼所訂願景與現實脫節；朗訊失敗原因也是執行長麥克金訂了超過自己執行能力之目標，而致公司榮景急速衰退，遭到公司開革。

Case Study──台塑成功的企業文化

企業彼此競爭，重點不是在終端產品，不是在成本結構，不是在獲利率，也不是在策略，而是在這些東西後面的軟實力。軟實力，不像產品，有具體形象；不像成本結構或獲利率，有具體數字；不像策略，是針對特定時空議題的回應。

軟實力的定義

哈佛大學學者 Joseph Nye 說：「軟實力是一國透過吸引和說服別國，從而得到自己想要的東西的能力。」在企業競爭中，軟實力是企業文化、企業價值與企業制度的綜合。南亞塑膠申請日本工業規格，日本通產省來的第一件事，不是看產品，而是瞭解經營者的經營理念，因為這是根源。日本通產省看的不是有形的產品，而是無形的軟實力。台塑的美國石化廠，在買之前十幾年虧損連連，三度轉手仍難逃虧損的命運，但台塑買下後第三年，公司開始有了盈餘。為什麼？因為台塑的軟實力移植過來了。

成吉思汗蒙古帝國

民國初年，蔣百里先生認為成吉思汗當年建立一個橫跨歐亞的大帝國，就是由於蒙古人民的生活方式和戰鬥方式一致，故能在遊牧文化的基礎上，結合了精銳騎兵，所到之處望風披靡，在成吉思汗的領導下，建立了亙古未有的帝國霸業。

台塑文化

「勤勞樸實」、「追根究底」和「止於至善」是王永慶個人的人格特質和價值觀；王永慶將他的理念內化為台塑人的思維與生活方式，成為「台塑文化」，也就是台塑企業那種「不畏艱難和使命必達的執行力」的根源所在。

台塑的軟實力

＊勤勞樸實
＊合理化
＊追根究底
＊企業責任

台塑的硬工夫

＊冒險家的眼光與氣魄
＊執行力
＊合理化

王永慶說，人減少又可以勝任愉快，就是合理化，也就是對效率的追求。包括：改善成本，改善流程，訂定標準，提昇品質。大至產業合理化，堅持發展六輕，建立石化上下游的一貫產業，小至營業員遞接名片都有規定：名片應放上衣口袋，以雙手遞接，姿勢稍欠身，面帶微笑。接到對方名片，應立即記住姓名、職稱，並將名片放入口袋，不可在手中把玩。永不休止的追求與改善，因為環境不斷在變，科技也不斷在變。王永慶管理的特色是把「合理化」過程加以「主動化」與「毛細管化」，也就是無論是經營管理還是成本分析，都要追根究底，分析到最後一點，且「止於至善」。同時先把問題想在前面(有別於一般企業等出了問題再來反思如何「合理化」)、想在每一個部門與每一道流程中。一點一滴追求合理化。

chapter 16
執行力 EXECUTION

追根究底

PVC 投資：從一竅不通到成為專家

分析成本：徹底分析到最微細的單元，例如一張椅墊用的 PVC 泡棉，至少就要分析：來源、品質、機器、技術、消耗、工資、原料等等。就是要徹底瞭解。王永慶說：「只要日本人和美國人不這麼做，我就知道我們有飯吃。」執行力的核心在人員培育與任用，營運流程貫徹核心價值。王永慶親自主持訓練，創辦明志工專，使員工都有相同的信念與目標，責任分明，獎罰分明。

管理上如何去除個人好惡的影響？

台塑管理精神：程序為主的組織 (Process-based Organization)

＊管理靠制度
＊制度靠表單
＊表單靠電腦

企業決策環環相扣，管理機能互相牽制，相互勾稽。

三、工作的能力與執行力

What kind of skills, capability you should have, if you want to be successful in your job career?

有了正確的工作態度，還要具備下列幾項工作上的技能，才能工作勝任愉快：

＊要有專業的知識 (Professional Knowledge)；
＊要有好的溝通能力 (Good Communication Ability)；
＊要有好的人際關係 (Good Interpersonal Skill)；
＊要有解決解問題的能力 (Problem Solving Capability)；
＊時間管理的能力 (Time Management Capability)；
＊個人電腦知識及英文能力 (PC Knowledge and English Capability)；

知識職能
KNOWLEDGE COMPETENCIES

＊同時要學習「獨立思考，獨立判斷」的能力。

What is your competitive advantage? (什麼是你的競爭優勢？)

有了工作技能後，接著下來就是付諸實行 (Execution)，不經常練習，無法完美。坐而言不如起而行。我們表現最好、做得最完美的工作，就是我們經過長久訓練，瞭解得最透澈的工作。有成就的人用工作如實習來磨練自己。運動員、演員、醫生、公司主管、工廠的作業員，都是一而再，再而三，一遍又一遍地練習，使他們的技藝完美無缺。所謂「熟能生巧」(Practice makes perfect.)，好好的練習既有的知識能力，在不斷的練習中，你也能夠溫故而知新。

我們該如何強化部屬執行力？

問題：

時間進入第二季，但眼看我們去年底為公司規劃的目標，直到今天，各部門的進度都落後一大截。究竟我該如何才能夠確保我的部屬落實執行策略，並且上緊發條，達到目標？

答：

第二季檢討，也是年中檢討，是非常關鍵的一次檢討；檢討完後，總是幾家歡樂幾家愁。如果你是愁家，績效和目標差距很大，有些外商的做法可以給你參考──他們會做前景預測 (Outlook)，看下半年怎麼樣。當確定前景確實不妙，只好務實地調降目標，以利產銷供應鏈的適時調整。畢竟，你總不希望行銷了出問題，採購、生產、庫存也大亂吧！但是，到年終時，員工績效評核仍然是以原來的目標為衡量標準。

有一位竹科總經理曾說：「目標決定前，我接受各方意見，目標可捏可塑，像個饅頭；目標決定後，變成石頭，我奮戰到年度的最後一天。」美國最大生醫公司 Amgen 的 CEO 曾說：「當目標訂定了，就是把它寫在混凝土上。」混凝土硬了，還能改嗎？所以好公司不輕易修改目標。這不只牽連股價，也影響經營者的信用，更代表一種執行的紀律。既然成長策略在去年已訂，剩下的是今年下半年執行力的

問題了——人家是奮戰到最後一天，難道你還不到下半年就棄守？那麼，有什麼狠招可以落實執行，上緊發條？其實，沒有單一狠招，有效的還是回到一套系統戰。

先以我們比較熟悉的角度來看，提昇執行力有五個層次：

1. 戰略；2. 戰術；3. 戰鬥；4. 戰技；5. 心理戰。

在全戰略與部分戰術的層次上來說，今年的目標在去年已經決定，資源也已部署完成。現在，你正利用戰術、戰鬥強攻猛打，但年過一半，似乎已力有未逮了。提醒你，你提昇戰技與心戰了嗎？這裡可能有很大的改善空間。

執行力大師當然首推包熙迪 (Larry Bossidy)，他領導百億美元科技公司漢威聯合公司 (Honeywell International)，每季 EPS 成長連續大於 13% 達八年 (三十一季) 之久。在他所寫的《執行力》一書中，包熙迪開宗明義就定義執行力 (Execution) 是：把事情做成，達到目標的紀律 (The Discipline of Getting Things Done)。包熙迪認為，執行力是一場系統戰，它有三個核心流程 (Core Processes) 及三個建築基石 (building blocks)。仔細思考，其實包熙迪講的，也就是戰略、戰術、戰鬥、戰技、心戰的各個層次的完整操作了。

關於執行力，我們最常忽略的是最上層的目標訂定與堅持，及最底層的領導力的檢討與重視；執行力的展現其實這就是企業界常講的：Get Results!（交出成果）。可惜，我們身處「工商」社會，卻常存有「士農」的概念——四千年文化還是在對你潛移默化。例如，我們常說：「沒有功勞，也有苦勞」、「但問耕耘，不問收穫」、「貴在參加，不在得獎」、「我是盡力而為」(I'll do my best)。我們退路很多，並沒有真的要 Get Results?!

這些觀念與心態迴盪在老闆與部屬間，如果不修正，執行力永遠有空洞。現代企業不只要問耕耘，也要問收穫；不只要問清楚，還要計算清楚。「其實，我們的目標也不是非達到不可。」身為領導人，如果你有一點這樣的想法，也說了出來，你大概完了。不但整個公司很難達到原定目標，連下修後的目標都很難達到。很多老闆不只不堅持達到目標，當員工沒有達成，連理由都幫他想好了。「你是不是因為……，還有……，所以沒有達到目標？」你不講，他甚至幫你解釋。因此，先讓我們從心理戰和領導力的層次來切入，跟進包熙迪的心路與經驗，加強執行力。

1. 抗壓性

好好培養你的抗壓性、情緒堅韌性，把神經線弄粗、弄大一點，不要吹彈可斷；不要想討好大眾，要努力扮黑臉——假使做主管的不肯扮黑臉，遲早要背黑鍋；白臉扮久了，小心模糊成無臉了。很多主管不敢扮黑臉，他會告訴部屬：「你如果沒有達到目標，我的老闆會來修理你。至於我，我很瞭解你，是不會踢你屁股的。」當這樣一講，部屬的執行力就沒有了。就像家裡的小孩犯了錯，爸爸說媽媽會修理，媽媽說爸爸會修理，聰明的小孩察言觀色，找到再犯空間。

2. 瞭解事業體與組織、人的細節

魔鬼就在細節裡 (The devil is in details)。勤走公司基層，瞭解客戶的細節。對客戶的瞭解，要比客戶對他的瞭解還要多。這樣一來，有了更多商機，也有了更大執行力。

3. 確實做好追蹤的工作 (Follow-up)

如果你有目標，但沒有追蹤，你絕對不會有執行力。假使有人訂好目標後，叫你年底拿籃子來收成果實，保證你一定空籃回來。就算是對天下最優秀的人，你都必須要每季追蹤、每月追蹤，甚至每週追蹤。不要只是想：「他已經答應我了，他一定會做出來的。」事實是，沒有追蹤，他不會做出來，到時候他會找出很多很好理由來告訴你。

面對一個比較沒責任感的人，你每日、每週要追蹤；一個普通的人，至少每月要追蹤；縱使一個完全投入、能負「當責」(accountability) 的人，你還至少每季追蹤，超過一季，一定有問題。對於一個很沒有責任感的人，你甚至這一分鐘交代，下一分鐘就要追蹤了，管理成了 micro-management。追蹤時，不要這麼容易就接受部屬的理由或藉口。以前筆者的老闆聽我講，業績為什麼沒有達到，筆者講了五、六個理由，他就開始笑了，他說：「你還有什麼『藉口』嗎？」——他根本不覺得這些是理由，而是藉口。

當目標沒有達到時，問員工五個連續「為什麼」，問到他汗流浹背。不要讓他輕易過關，拿出辦法來 catch up 或 fill up the gap! 再補上 contingency 或 back up plans。有些主管問：「你為什麼沒有達到目標？」「碰上客戶歲休。」「喔！」然

後就輕易放手了。在公司裡，不要只是推到負責 (responsibility) 的層次，而要確實做到「當責」(accountability)。前者是只對自己負責，認為盡力就好；後者是要對客戶、對上司、對別人負責的。

4. 堅持事實真相

我們很容易欺騙自己。美國最大的玉米片公司家樂氏 (Kellogg)，被 General Mills 趕過去之後，對自己說其實我們還是第一大，我們是重量第一。幾年自欺欺人以後，CEO 下台，新領導人上台，他說：「沒有人用重量在算的，都是用營收在算的。我們的確是第二。」他首先承認公司的失敗，承認自己是第二，但很快就重新奪回第一寶座。包熙迪說：「鴕鳥心態的領導人，加上得過且過、逢迎阿諛、自欺欺人的員工，構成貫徹執行力的最大障礙。」認輸了，才能重新開始，再度得勝。一位創業家說：「有時候你會呼攏顧客，有時候你也會呼攏員工，但是，這不表示你可以呼攏自己。」

5. 明定目標與優先次序

很多日理萬機的老闆每天忙著滅火。救火救多了，很有成就感，尤其是救小火。你不讓他救，他反而會生氣。包熙迪建議大家，要救大火，要明定三到四個優先順序，集中資源全力以赴。很多領導人沒有優先順序，因為他不想作決定。假使你覺得可以只靠財務分析來作決策，那我們不需要那麼多 CEO。當你說：「我有十二個重大目標。」那就是表示你沒有重大目標。彼得・杜拉克說：排優先目標的最大挑戰是：排後次序 (Posteriority)，它需要的不只是智慧分析，更需要勇氣。因為當你告訴某人，他的專案優先性排在最後，他會跟你拚了。

6. 祭出獎懲制度

在你的公司裡，績效優異與表現平庸、混水摸魚員工的待遇，其實相差無幾吧？這是心理戰或領導力的部分。這個課題如果不重視、不調整，你的戰略、戰術、戰鬥、戰技全部會打折。這些不需要花很多資源，但是卻對提高執行力有很關鍵的影響。

包熙迪又說：「沒有目標，無從談執行力。」目標的設定非常重要。不妨做個

實驗，問問你的部屬，他知道今年的目標嗎？你會很吃驚，有很多人並不知道。當沒有量化的目標，員工說：「我會盡力而為 (do my best)。」這就很糟糕了。什麼是盡力而為？就是不必有承諾 (commitment)，績效自由心證？這麼一來會有執行力嗎？更何況主管要求的總是比盡力還更多 (better than your best)，這會迫使你合作，讓一加一大於二。為了要達到目標，你不但要和朋友合作，甚至要和仇人合作。

回到平衡計分卡的定義，目標有三個層次：

第一就是目標 (Objective)，它是一個項目，例如提高營收或降低成本。

第二就是指標 (Measures)，有時候稱為 Metrics，或 Indicators。它是衡量的指標，也是項目，例如新產品的佔有率。

第三是標的 (Target)，它是數值，例如第四季成長率達 35%。

目標一定要明確訂定，要數字化，才不會打迷糊仗。有了目標，才可以進一步訂定 10% 或 15% 的延伸 (stretch) 目標。如果達到目標，但沒有達到延伸目標，不會處罰你，當然有獎勵；但當你達到延伸目標，我會給你很大的獎勵。LG 的領導人說：「達成 30% 成長很容易，要達成 5% 成長反而很難。」他的意思是，當成長 5%，表示是在去年的市場強攻猛打，像擰乾抹布的水、炸豬頭皮的油；但若你追求的是 30% 的成長，那是大開大闔，會激發很多創意。

所以如果你的績效有很大差距，不要輕言放棄。能不能分別從戰略、戰術、戰鬥、戰技、心理戰，去想一想？特別是心理戰和領導力的部分，仍然有很大的改進空間。咬住子彈 (bite the bullet)，忍住痛苦，完成原定的目標吧！痛定思痛，其實現在也是以系統戰的角度規劃明年目標的時候了。

四、達成執行力的三大基石

達成執行力的三大基石：

＊領導人的七個重要行為
＊改變文化，讓公司動起來

＊絕不能授權他人的領導工作

1. 領導人的七大重要行為

　　執行的領導人究竟在做些什麼工作？如何才能避免事必躬親，卻仍對企業經營的細節瞭若指掌？以下所列的七大重要行為，是奠定執行力不可或缺的第一塊基石。

(1) 瞭解你的企業與員工

　　領導人必須能掌握企業日常運作的真實狀況，因此應親身參與，以實際行動投入業務的運作中，而且透過與員工在工作上的密切互動建立情誼。

(2) 實事求是

　　領導人必須以務實的眼光來看待所有的資訊與問題，誠實地審視自己的企業才不會誤判情勢。

(3) 訂定明確的目標與優先順序

　　有利於執行的目標設定需明確而清楚而且項目不能多，讓大家能夠清楚掌握並集中焦點，使企業的資源能夠獲得最有效地運用。

(4) 後續追蹤

　　領導人必須貫徹後續的追蹤工作，並且建立追蹤的制度機制。

(5) 論功行賞

　　領導人應以大家都能認同的制度，確實的評鑑員工且照績效給獎金，並有勇氣對績效不好的員工解釋為什麼獎金不如預期中來得好，這樣才能提昇員工的執行力。

(6) 傳授經驗以提昇員工能力

(7) 瞭解自我

　　領導人應誠實地面對自己的人格特質與優缺點，並具備情緒的韌性與自我反省的能力。以開放的心胸多多包容員工的多元觀點、思想與成長背景。

2. 改變文化，讓公司動起來

當企業狀況不佳時，領導人常會想到該如何改變公司的文化。這個思考方向相當正確。但是企業文化的變革卻多以失敗收場，原因即在於未能與績效的改善相互銜接。基本思維相當簡單：唯有以執行為目標，文化變革才能成真。接著下來將介紹一個文化變革的新架構，這個架構應用起來，不需要一大堆複雜的理論，也不必進行員工調查，只需要改變員工的行為，他們自然就會達成績效。

只有以「執行」為目標，來改變員工的行為，企業文化才可能真的改變。因此，要改變企業文化，首先要從改變員工的行為開始著手，要使員工清楚明白，你希望得到什麼樣的成果，並且明確規範績效與報酬之間的關係。接著，要透過各種溝通管道，讓員工瞭解企業現在的目標，並藉由直接、開放的「強力對話」，讓員工的疑問得到充分的表達與討論。最後，也是最重要的一點，就是領導者要以身作則，才會使員工遵循以上要訣，形成執行力的文化。

要變革成功，必須：

(1) 以執行為導向
(2) 以事實為根據
(3) 建立社會運作機制，坦誠進行強力的對話
(4) 與績效改善做連結
(5) 預想並討論有待進行的具體事項
(6) 在每個階段都繼續保持執行的紀律

3. 建立執行文化

組成公司的核心價值體系，包括五大核心價值：

(1) 創新 (Innovation)
(2) 專業 (Professional)
(3) 當責 (Accountability)
(4) 精實 (Lean)
(5) 學習 (Learn)

以創新構築工作基礎，以專業支撐工作主軸，以當責發展工作環境，以精實合理詮釋組織效率，以價值學習締造服務效能；融入合理化、團隊化、價值化與家庭化的概念與精神，以此建構工作環境，並將此精神對外擴散；以學習的文化進行組織創新、紀律的文化督促工作執行、以績效的文化確保成果產出。

目前，一般的組織尚未建立執行文化，領導者不但未告知員工其目標及執行紀律，而員工的努力方向也與目標不太相關，員工完成目標時也認為是其正常工作而未予以適當的獎勵，反而有些組織在員工達成組織外目標時予以大肆獎勵，如舉辦登山活動、藝文活動及一些配合其他機關之活動者，予以獎勵，此舉不但打擊努力執行組織目標工作人員之熱誠，反而鼓勵員工多從事組織目標外之工作，即可獲得獎勵，這種做法對組織實有負面影響，無法建立執行的文化。若能確實予以改善，將可提昇整個團隊績效，讓「執行力」達到成功的目標。

4. 絕不能授權他人的領導工作──知人善任

一個組織想長保傑出表現，員工是最值得信賴的資源，他們的判斷、經驗與能力，即是決定成敗的關鍵所在。觀察任何一家長期績優的企業，必定會發現，它的主管總是持續不懈地慎選員工，不論你是企業的大老闆或是第一次掌管利潤中心，都應該親自主導選擇與培育優秀主管的過程。

領導人如何做到讓員工適才適所：

(1) 深入分析工作性質
(2) 勇於採取果斷行動
(3) 擺脫個人好惡
(4) 要投入足夠的時間與精力

最有執行力的員工：

(1) 能夠激發同事活力
(2) 面對棘手問題，能迅速作出正確決定
(3) 懂得透過他人完成任務
(4) 會做後續追蹤

先學會溝通與讚美，才挖得到好人才

主管看到員工做得好，做得很投入的時候，有沒有真誠地讚美他、感謝他？有的主管是因為太忙，有的主管覺得別人這樣做是應該的，有的主管習慣性地只注意到員工的缺點，有的主管把讚美放在心裡，講不出口，有的主管讚美得很不自在。假使這些主管知道一個人是多麼渴望得到肯定與受到重視，他們一定會突破萬難，想盡辦法學習如何讚美他人，達到激勵的結果。

1910 年代，史瓦柏 (Charles Schwab) 是第一位年薪超過 100 萬美元的專業經理人。有人問這位美國鋼鐵公司的總經理，為什麼鋼鐵大王卡內基會用 100 萬美元請他來當總經理。史瓦柏的回答是：「我最會在別人做得好、有好表現的時候讚美他。」卡內基知道這是最值錢的本事，所以延攬他進入公司。你看，能看到他人的優點，並且能表達出來就是一種具體的能力了。這種能力有用到什麼程度呢？

真心的讚美他人的能力，尤其是我們長大過程中，很少受到讚美與肯定，這種能培育積極的人際關係能力就更受重視了。杜威曾說過，人的內心深處最殷切的需求就是渴望被肯定。現代心理學之父威廉‧詹姆士 (William James) 認為，最強大的驅策力就是獲得他人的重視與肯定。人最希冀、渴求的東西，你一旦給了他以後，一定會產生震撼性的結果。

成功 80% 取決於 EQ

數年前膾炙人口的《EQ》這本書。作者丹尼‧高曼博士是哈佛大學心理學教授，據他曾擔任《紐約時報》記者達 13 年之久的經歷，他研究過很多個案，包括工商業界的及個人的。高曼曾在書中倡言：「成功的關鍵 80% 取決於 EQ，20% 取決於 IQ。」EQ 指的是我們對自己的態度，與他人的關係；IQ 指的是我們的專業知識。既然態度、溝通，與他人的關係對我們的未來有這麼大的影響，我們真的應該在這些方面加油了。讓個人及組織目標相互配合，並不表示經理人就應該反對或贊成透過金錢獎勵激勵員工，而是要讓大家體認到，採用一成不變的金錢獎勵辦法，不見得是創造快樂員工的有效方法。

領導人 vs. 經理人

經理人 —— 在 Zaleznik 教授的文章「經理人與領導人」(Managers and

Leaders)，他花了很多篇幅闡述「經理人」和「領導人」的差別。根據作者的區分：

> 經理人注重的是過程，是調和鼎鼐的功夫。他會談判、會妥協，也會用胡蘿蔔和棍棒。他曉得怎麼把一個零和的棋局，導向雙贏的結果。他重視秩序，曉得如何用文火慢慢燉，如何在保住各方面子的情況下，把事情做好。經理人的目標，來自組織的傳統與文化。他根據需要來訂定目標，並且不斷設法平衡不同的看法與利益。所以經理人是「回應型」的，是善於處理「複雜事務」的，但卻不是開創與變革的人。

領導人──相反的，領導人是「主動型」而非「回應型」的。他會激勵人心，會引導些想法的形成，會用他的影響力去改變人們的情緒，挑起他們的期待與想像，從而建立組織的新目標。他不是根據組織的歷史文化去找尋目標，而是將引導組織去設定新的目標，並往領導人所希望的方向前進。領導人不會限制人們的選擇，而會鼓勵人們去找新的解決問題的途徑。當領導人看到機會的時候，他也比較敢於採取高風險的行為。

當經理人在意過程的時候，領導人在意的是實質。經理人關心是情勢怎麼做的，領導人關心的是事件和決策，如何影響到所有參與的人。經理人和領導人傳達訊息的方式也不一樣。經理人選擇的是隱諱的「信號」(signals)，這樣在對方反應激烈時，還有一個轉圜的空間。而且經理人也相信事緩則圓的道理，認為時間長了，原本劍拔弩張的氣氛緩和了，雙贏就會成為可能。所以話也不必說得太白。領導人則認為要傳達，就要傳達清楚的「訊息」(message)。因為他在乎的是變革，是激勵。但也不可避免地會帶來動盪。作者後面還談了很多企業在培養經理人之外，如何養成領導人的方法。經理人和領導人養成的方法不一樣，但他也是兩種不同的人格特質，這兩種性格的人其實是相輔相成的。

Management vs. Leadership

LEADER	MANAGER
1. The leader innovates.	1. The manager administers.
2. The leader develops.	2. The manager maintains.
3. The leader focuses on people.	3. The manager focuses on systems and structures.
4. The leader inspires trust.	4. The manager relies on control.
5. The leader is a long-range perspective.	5. The manager has a short-range view.
6. The leader asks what and why.	6. The manager asks now and when.
7. The leader originates.	7. The manager imitates.
8. The leader challenges the status- quo.	8. The manager accepts it.
9. The leader is his own person.	9. The manager is classic good soldier.
10. The leader does the right thing.	10. The manager does the thing right.

五、執行的三個核心流程

請謹記：三大核心流程是「執行力的加值循環」，而非執行力的本體。

1. 人員流程

人員流程比策略流程和營運流程都來得重要，因為組織畢竟要靠人來判斷市場的變化，並根據這些判斷制定策略，再將策略轉化成現實的營運。簡言之，如果沒把人員流程做好，你絕對無法完全發揮企業的潛力。傳統人員流程最大的缺失，就是眼睛向後看，只評量員工目前的表現，殊不知判斷這些人是否有能力處理明天的工作，反而才是最重要的。

2. 策略流程

很少人瞭解，一個良好的策略規劃流程，須要對「如何」執行策略的各項問題，投注最多的心力。健全的策略絕對不是數字的堆砌，也不會淪為占星家式的預言，不會只套用同樣的公式，年復一年推定未來十年的預估數字。策略的實質與細節，

必須來自實際採取行動的人，他們應該瞭解本身的市場、資源及自己的優劣勢。在制定策略時，領導人必須自問，組織是否有能力做到達成目標不可缺少的事情。

策略是什麼？策略就是：

＊作選擇 [取捨 (Trade off)──選擇與放棄]。
＊設定限制 (何者可為，何者不可為)。
＊選擇要跑的比賽，並且根據自己在所屬產業的位置，量身訂做出一整套活動。

策略是解決問題的方案；Strategy – How to get there?

決定達成目標之策略，企業計劃大致上涵蓋三個問題：

(1) 為什麼需要採取某種行動？
(2) 能夠採取什麼行動和應該採取什麼什動？
(3) 怎麼將選定的行動付諸執行？

Strategic Thinking──企業要問自己的問題是：

「我們有正確的目標嗎？」
「我們正在實踐這個正確的目標嗎？」
「客戶最喜歡我們哪一點？」
「我們靠哪一種產品賺最多錢？」
「如何創造我們的競爭優勢？」
「什麼是我們不想做的事？」
「我們的獨特定位在哪裡？」

策就是「政策」(Policy)	略就是「戰略」(Strategy)
人事政策	新產品開發
採購政策	新原料使用
信用政策	新市場開拓
股息政策	新技術引進
……。	新設備購置
	新行銷推廣方法
	新經銷商體系
	新售後服務制度
	新人才培育制度
	舊市場的維持
	舊產品的創新
	合併／解散
	開源／節流……。

如何進行策略評估

　　策略評估是公司的計劃在面對現實世界前，最後的修正機會。因此，策略評估應該盡量廣納建言，與員工互動；策略評估必須透過執行文化的強力對話，進行一場實實在在的辯論，讓所有出席的關鍵人員都講出心裡的看法。

3. 營運流程

　　營運流程：與策略流程、人員流程連結。

(1) 營運計劃要以現實為基礎，並跟相關人員確認及討論
(2) 由團體對營運計劃的假設進行辯論，作出取捨，公開承諾
(3) 預算編列要以營運計劃為根據，而不是先編好預算，再去執行
(4) 協調各個單位的步伐，以達成目標
(5) 提供員工接受指導的機會

　　要瞭解執行的意義，先要謹記三項重點：

執行是：

* 一種紀律，是策略不可分割的一環。
* 企業領導人首要的工作。
* 必須成為組織文化的核心能力。

執行力是所有策略落實的關鍵，就是「知行合一，付諸行動」，是速度、準度、精度、深度、廣度的全面貫徹。執行力是一種紀律，是策略的根本。執行力必須成為組織文化的核心成分。執行力來自整合人員、策略、營運等核心流程。

「執行力」的三個核心流程是非常重要的：人員流程、策略流程、營運流程。用人不是全部用最好的人，而應該有互補的才能。例如高階主管團隊 (top management team)，個人 IQ 的最佳組合可能是 125，但其中變易數最好是 10，EQ 則至少要 125，各項管理能力 (領導、協調、決策、溝通、判斷、創新、穩重等) 各有平衡。執行長如何評估個人能力、教導個人執行能力，是公司總體執行力的關鍵。

流程中把策略、營運以及執行人員連結起來

奇異公司威爾許 (Jack Welch) 認為執行是將願景轉換成結果的能力，強調執行是一套系統化流程，是探討「如何」與「是什麼」、提出質疑、確認權責分明、追蹤進度不致脫節。

流程中把策略、營運以及預定執行策略的人員連結起來運作，究其本質，執行就是以有系統方式，瞭解實際狀況並據以採取行動。因此行動計劃應包括所要執行的重要事項，如策略的執行需要那些人力、技術、生產和財務資源、組織是否具備上述資源、策略可否達到所定目標及分割為較易推動的幾個方案、參與人員瞭解及達成具體實務之共識等，其表現可以營運計劃、實施計劃及作業流程等方式運用。

SASR 案例

政府防疫政策也是如此，任何一環節或監控程序執行不力，均可能功虧一簣。執行是成功關鍵之因素，目標設立之後，即要認真徹底執行，並依環境實際情形一再驗證、修正，才能成功。SARS 流行疫情沒能嚴格監控，充分證明了「執行力」

的重要，上海衛生主管因為隱瞞疫情且執行不力的結果，最後遭到撤換之命運，國內衛生署長及台北市衛生主管亦遭到類似處置。無論企業或是政府，「執行力」均非常的重要，而且無論在有專業領導能力主管、有執行力機關、核心流程之管控、及各項資源(人力、物力、財源)之配合等方面來看，均在在說明「執行力」居舉足輕重地位，關係到抗疫及防疫政策之成功與失敗。

六、經營策略之執行與控制

執行力啟動原則

1. 負起責任，捨我其誰
2. 界定工作內容及範圍
3. 籌組優勢小組訂出策略
4. 獲得相關人員意見與支持
5. 啟動機制創造工作投入動能
6. 善用計劃、行程表、預算與控管
7. 執行力案例實作與討論──腦力激盪 (Brainstorming) Case Study

有效執行的過程

1. 有效下達命令及指示
2. 有效監督卻不讓人發瘋
3. 運用管理技能獲得支持
4. 克服意外風險、落後與障礙
5. 解決問題需要群策群力
6. 駕馭壓力追求結果與報償

控制的方法

1. 查看進度報告 (Status Report)
2. 查看績效控制表 (Performance Report)

3. 查看差異分析 (Variance Analysis)。

控制的程序

1. 績效之評量與預定之目標計劃及標準相對照。
2. 評量程序之結果傳達給適當的經營者。
3. 分析與目標、計劃、政策及標準之差異,以決定基本原因。
4. 考慮各種可行的行動方案,以更正指出的缺點,以及從成功或失敗中的學習。
5. 選擇並執行最可取的方案。
6. 追蹤考核矯正行動的有效性,並將所獲情報回饋到規劃程序,以改進將來規劃及控制循環。

腦力激盪、實務精進

❶ 分析自己工作上的執行力,寫一份報告。
❷ 檢討自己工作的執行力,寫一份改進執行能力的報告。
❸ 觀察自己工作單位的執行力,寫一份報告。

Chapter 17 建立成功的工作習慣
GOOD HABITS

本章學習目標

藉由本課程
1. 透過認知習慣的本質,檢視自己是否有不良習慣,並調整改正自己。
2. 學習如何去改變自己根深蒂固的不良習慣或觀念,革除不良的工作習慣。
3. 培養主動積極、實踐學習的好習慣,進而增進工作績效。

許多企業期望能透過認知習慣的本質,進而去檢視個人否有不良習慣,並且學習如何去改變自己根深蒂固的不良習慣或觀念,革除不良習慣,進而能夠主動積極、實踐學習,增進工作績效。

　　主動積極:經常持續不斷研究改進方式,以增進工作績效。

　　實踐學習:經常主動尋求或創造學習機會,以滿足學習渴望。

一、習慣的不可忽視性

　　馬斯洛 (Maslow) 說過:

「心若改變,你的「態度」跟著改變;

　態度改變,你的「習慣」跟著改變;

　習慣改變,你的「性格」跟著改變;

　性格改變,你的「人生」跟著改變。」

　　我們的態度、我們的習慣、我們的性格,都會影響我們的人生。

　　我們首先談到人生的態度、工作的態度,在「活得精彩」一文中,我說人生的態度要:

1. Be young,保持一顆年輕的心,赤子之心;
2. Be open-minded,放寬心胸,豁達人生,凡事看開一點,不要太斤斤計較;
3. Be responsible,要負責任;
4. Be positive,要積極進取,不斷學習,It is never too late to learn;
5. Dare to try and just do it,要勇於嘗試,不要遺憾終身。

　　在「樂在工作」一文中,我說工作的態度要:

1. 主動積極,樂觀進取;
2. 負責盡職,忠於職守;
3. 擇善固執,百折不撓;

4. 學習成長，實踐學習；
5. 自我期許，全力以赴；
6. 團結合作，同舟共濟。

你能不能夠快樂工作，在工作上能不能夠出人頭地，得到成功，我認為上列六項工作態度是非常重要的。

****

接著下來，我們來談談我們的「習慣」。

我們從小在家庭中、在學校裡、在社會中，慢慢地養成了許許多多的生活習慣。這些生活習慣跟隨著我們，所謂「習慣成自然」，也在不知不覺中影響了我們的生活。從小父母、師長就教導我們，飯前洗手，飯後漱口；早上起床刷牙、洗臉，睡覺前也要刷牙、洗臉；東西要收拾乾淨，東西要放定位；從小養成儲蓄的習慣，吃東西要吃乾淨等等。

我們看到有些人處理事情井然有序，有條不紊；有些人東西放得亂七八糟，做事情也是顛三倒四。這都跟我們個人的生活習慣有很大的關係。有的人從小有集郵的習慣，長大後也會有收藏的興趣與嗜好；有的人從小有儲蓄的習慣，長大後也會有存錢的習慣，不會亂花錢。好的習慣，讓我們生活得更有條理、更健康；生活得更自在，更有意義。而這些好的生活習慣、好的工作習慣，慢慢的也會影響到我們的性格、影響到我們的人生。

「拖拉」是說一個人沒有個性，做事不積極，沒有計劃，凡事得過且過，能拖則拖。拖拉的人，在社會、團體裡，大有人在。茲舉拖拉的壞處如下：

1. 做事拖拉「沒進度」

做事應該「今日事，今日畢」，即使是需要時間完成的事，也要有計劃，今日完成多少，明日進度到那裡，總要限時完成。但是有的人做事，毫無時間觀念，拖拖拉拉，今日推明日，明日等後日。一幅字畫、一篇文章、一件產品，經過拖拉性格的人手中，總是一再延期，一再道歉，到了最後縱使完成，雙方心裡都不愉快，這都是拖拉造成的結果。

2. 做人拖拉「沒成就」

有的人生性拖拉，做事不能依照計劃如時完成。這種拖拉性格的人，往往輕諾寡信，答應人家的事，口頭說好，但不按時交卷。跟這種人合作共事，事情做不成，跟這種人合夥做生意，不容易掌握商機，所以拖拉的人難有成就。

3. 約會拖拉「沒信用」

與人約會，應該守時，這是做人的基本禮節。但是生性拖拉的人，約會總要慢幾十分鐘，做什麼事都要慢半拍。尤其慢了又不肯認錯，總是有很多的理由，諸如出門前有客來訪、路上遇到塞車等。

4. 共事拖拉「沒朋友」

人與人之間，志趣相投、所學同類，就會在一起共事。共事就是有緣，但是與人一起做事，經常拖拉，處理一件業務要等你半天，一件公文，等了你半天；做好了企畫等你審核，你遲遲不批，這怎麼能成為好同事、好朋友呢？拖拉是人性的缺失，所謂「急驚風，遇到慢郎中」，尤其今日時代，講究「新、速、實、簡」，跟不上時代，只有被淘汰，所以拖拉成性的人，實在有改進的必要。

數年前，邵曉鈴與許瑋倫車禍意外事件，引起很多開車習慣和行車安全的討論。台灣每一年車禍死亡的人數將近三千人，平均每一天車禍死亡有近十人，馬路如虎口，非常可怕。不超速、不超車、不任意變換車道、**全程繫上安全帶**，遵守交通規則，養成好的開車習慣是行車安全的根本保障。像我每天上下班台北－中壢高速公路上行駛，交通號誌上限100公里，我就不超過100公里，不走路肩，不猛踩油門，不猛煞車；同時我也觀察到台北－中壢間高速公路四線道，內線車道最常有追撞車禍，外線車道有大貨車、大卡車非常危險，我通常只開第二或第三線道，不走內線車道，也不走外線車道，隨時提高警覺。同樣一部車子，有的人猛踩油門、猛煞車，新車不到一、兩年就糟蹋得差不多了；有的人懂得保養，開了五、六年，還是跟新車一樣。好的開車習慣，不僅可以注意行車安全，同時也是愛惜自己的車子。

最近政府推出的節能減碳政策，要改變人民生活習慣的事，如搭大眾運輸、廣

建腳踏車道、改用省電燈泡、全國交通號誌改用 LED 燈、推動安裝太陽能熱水器等，是一場住與行的寧靜革命。

二、有害健康的生活習慣

習慣的種類有：

- 生活習慣
- 生活作息、睡眠 (when?) 習慣
- 工作習慣
- 飲食習慣
- 運動習慣
- 學習習慣

本文將著重在生活習慣與工作習慣這兩方面。

在生活上我們往往疏忽了一些生活上的細節，譬如午睡不要趴手臂，上班族中午利用休閒時間小睡一下，如果只能趴在桌上，請注意最好使用靠墊或小枕頭。經常把手臂當枕頭來午睡，時間久了很容易引起神經傷害，甚至可能變成神經麻痺，許多上班族有肩頸、手臂酸痛等問題，可能都跟以臂當枕脫不了關係。有些上班族晚上玩得太晚，或因工作需要熬夜不睡覺，第二天利用中午休息時間午睡一下，一睡就睡得很沉，睡醒之後發現手臂被壓得紅紅麻麻的，雖然過幾分鐘症狀通常都自動消失，但也因為如此不以為意，而釀成慢性的神經傷害，等到情況嚴重必須就醫時，往往已經不容易復原，而引發的後遺症不能不小心。因此，午睡時最好不要直接枕在手臂上，隨便找個小墊子，甚至外套來當枕頭都好。

還有一些文明病，如使用冷氣機時可在窗口留一條縫，確保睡房的二氧化碳含量不會過高。二氧化碳含量過，研究發現，在有冷氣睡房內連續八小時睡覺的人，由於房內的二氧化碳量過高，他們早上會出現鼻塞、皮膚癢等「病態大廈綜合症」(Sick Building Syndrome) 的症狀。睡房內的二氧化碳會因空氣不流通而積聚過多，不少人睡醒後也會出現上述症狀，有時還會感到懨懨欲睡，不少人以為患上感冒到

診所治療，但其實只要離開該環境便會回復正常，我們可以於睡前打開窗留一條縫，便可確保室內空氣流，不致二氧化碳積聚過，睡醒後便可減少出現這不適症狀。

一些生活上的小細節，我們也應該注意：

1. 不吃早餐：不吃早餐不僅會傷害腸胃，使人感到疲倦、胃部不適和頭痛，還特別容易產生膽結石，同時又極易催人老化。
2. 空腹跑步：空腹跑步會增加心臟和肝臟的負擔，而且極易引發心律不整，甚至導致猝死。50 歲以上的人，由於利用人體內游離脂肪酸的能力與年輕人相比要低得多，因此其發生意外的危險性更大。
3. 用滾開水泡茶：滾開水泡茶會破壞茶葉中的維生素 C。泡茶最好用攝氏 70 至 80 度的白開水，這種水溫泡出來的茶水最有益於人體健康。
4. 睡前不刷牙：睡前不刷牙，危害很大。國外防疫專家研究認為晚上睡前經常不刷牙者，特別容易患感冒和肺炎，也特別容易造成牙齒腐壞，牙齦出血、牙周病，乃至牙齒脫落。
5. 睡前不洗臉：面部皮膚上的化妝品和污垢會刺激皮膚，堵塞腺體或毛孔，損害皮膚健康。
6. 用油漆筷子吃飯：油漆含多種對人有害的化學物質，其中的硝基成分被吸收後，會與含氯乙胺的物質合成具有強力致癌作用的亞硝胺。

Exercise 1

＊靜下心來想一想。

＊你有什麼好的生活習慣？

＊你有什麼不好的生活習慣？

＊請各寫下 3 個好的和 3 個不好的生活習慣。

三、養成好的工作習慣

一個外籍人事經理眼中的華人劣根性：

1. 彼此相輕
2. 缺乏團隊精神
3. 疑心大，不誠信
4. 不遵守制度
5. 政治敏感度太高
6. 推卸責任
7. 缺乏包容性
8. 缺乏文化性

學歷和技能是衡量一個人的硬體標準，但真正決定一個人命運的是他的軟體，是一種性格和態度，是文化。所以外國企業招聘員工的時候，特別強調「溝通能力」、「團隊精神」、「心理承受能力」等，就是他們更注重一個人內在的素質，這才是決定個人價值的關鍵。

好的生活習慣造成你好的健康、好的人緣、好的效率、好的結果；不好的生活習慣則會讓你不受歡迎、人緣不好、效率低，而自己也身受其害。就像很簡單的東西放定位，那些老是掉東西的人，就是東西不放定位的人；就像我們在公司的檔案整理也是一樣。我們要養成好的生活習慣：

＊好的閱讀習慣，可以厚植我們全方位的能力；
＊好的生活習慣，可以增進我們的健康管理；
＊好的運動習慣，可以紓解現代人容易遭遇的壓力與緊張。

我整理了一下，好的生活習慣有：

- 飯前洗手，飯後漱口；
- 早上起床刷牙、洗臉，睡覺前也要刷牙、洗臉；
- 東西要收拾乾淨，東西要放定位；
- 要勤快，不要好吃懶做；
- 要注意儀容，穿著得體；
- 要誠實，不要說謊；

- 從小養成儲蓄的習慣；
- 養成節儉的習慣；
- 吃東西要吃乾淨，不要浪費；
- 早睡早起，養成有規律的睡眠習慣；
- 三餐定時定量，不要吃太飽；
- 每天吃一粒綜合維他命，補充營養。
- 不要吃零食；
- 不要吃宵夜；
- 多運動，每週運動至少三次，每次 30 分鐘，運動時讓每分鐘心跳到 130 下；
- 保持愉快精神，要經常微笑；
- 不超速、不超車、不任意變換車道、全程繫上安全帶，遵守交通規則，養成好的開車習慣；
- 不抽菸，不喝酒，不賭博；
- 要記住別人的名字，主動的跟別人打招呼，真誠的關心別人；
- 要有時間觀念，守時、不要遲到；
- 養成「今日事，今日畢」，處理事情的好習慣；
- 隨時注意補充理財知識；
- 養成好的閱讀習慣，隨時充實自己等等。

還有我們往往忘了一些生活上、工作上的一些細節，像是：

1. 當我們生活枯燥的時候，我們往往忘了「用心體會」是一種習慣。
2. 當我們人生乏味的時候，我們往往忘了「培養幽默」是一種習慣。
3. 當我們體力日差的時候，我們往往忘了「運動健身」是一種習慣。
4. 當我們工作疲憊的時候，我們往往忘了「認真休息」是一種習慣。
5. 當我們孤傲狂放的時候，我們往往忘了「感恩惜福」是一種習慣。
6. 當我們志得意滿的時候，我們往往忘了「謙沖為懷」是一種習慣。
7. 當我們錢不夠用的時候，我們往往忘了「投資理財」是一種習慣。
8. 當我們工作低迷的時候，我們往往忘了「激勵自己」是一種習慣。

9. 當我們懷疑自己的時候，我們往往忘了「建立自信」是一種習慣。
10. 當我們忽略家人的時候，我們往往忘了「愛與關懷」是一種習慣。
11. 當我們渾噩度日的時候，我們往往忘了「閱讀好書」是一種習慣。
12. 當我們忙於工作的時候，我們往往忘了「安排休閒」是一種習慣。
13. 當我們目中無人的時候，我們往往忘了「不斷學習」是一種習慣。
14. 當我們服務不佳的時候，我們往往忘了「顧客滿意」是一種習慣。
15. 當我們慌張失措的時候，我們往往忘了「萬全準備」是一種習慣。
16. 當我們推諉責任的時候，我們往往忘了「勇於承擔」是一種習慣。
17. 當我們腸枯思竭的時候，我們往往忘了「轉型思考」是一種習慣。
18. 當我們沮喪失意的時候，我們往往忘了「檢討改進」是一種習慣。
19. 當我們溝通障礙的時候，我們往往忘了「真誠傾聽」是一種習慣。
20. 當我們業績消退的時候，我們往往忘了「積極行動」是一種習慣。

當我們收到 E-mail 的時候，我們往往忘了「回應一下」也是一種習慣。

問一問你自己，你缺少了上述哪些好的習慣呢？

要改變工作的習慣，必須先改變工作的觀念。

Exercise 2
＊靜下心來想一想。
＊你有什麼好的工作習慣？
＊你有什麼不好的工作習慣？
＊請各寫下 3 個好的和 3 個不好的工作習慣。

四、好習慣為成功之本

Exercise 3
＊下定決心來改變不好的工作習慣。
＊你有什麼不好的工作習慣？

✽ 你將如何改變你的不好工作習慣？

✽ What is your determination?

✽ And what is your action plans?

Home Work to be done?

革除一項不良的工作習慣　　Your name: _____

Time Frame	計劃 Planning Today	執行 Execution Next 3 months	考核 Control & Review 3 months from now
目標 (Objective)			
策略 (Strategy)	item 1. item 2. item 3.		
行動計劃 (Action Plan)	item 1. Item 2. item 3. Item 4. Item 5.		

Your commitment with your signature: _____

Reviewed by your direct supervisor: _____

知識職能
KNOWLEDGE COMPETENCIES

五、習慣讓我們忘了突破與進步

- 習慣讓我們不想改變。
- 習慣使我們忘了突破，忘了進步。
- 習慣是可以改變的。

習慣成自然，有些事情，明明知道是不對的，但是卻去做了；有些事情明明是對的、正確的、有益的，卻被惰性與藉口所打敗。習慣是行為的影子，習慣是我們本質的呈現，最本能的反應，最直接的行為。習慣讓我們不想改變，每個人最想改變的是生活，最不想改變的是自己。

習慣就像香水一樣，如果是自己的，通常都覺得好享受。習慣就是一種傳統，人們會不自覺地去做、去執行。若改變一點，就渾身不自在。習慣使我們忘了突破，忘了進步。習慣不是與生俱來的，而是我們日常生活中所培養的，所以它肯定可以被代替或取代。習慣使我們忘了突破，習慣使我們忘了進步。人們因習慣而成功，也因習慣而失敗。習慣是可以改變的，沒有改變不了的習慣，只有不想改的習慣。習慣是拒絕改變的藉口，習慣是可以改變的。

六、改變

- You may delay, but time will not
- 你只能不停地前進
- 如果山不過來，我們就過去
- 現在開始，永不嫌遲

決定後，立即行動

養成現在做的習慣，是為了要加強以行動為導向的生活型態，使自己更有決斷力，並保持行動。這世界上最遠的距離就是思考與行動之間，有些人走了一輩子都沒有到達彼岸，但是有許多人即知即行，同樣的壽命卻會造成生命不同的精彩。

腦力激盪、實務精進

❶ 檢討自己的習慣,寫一份報告。

❷ 針對自己工作單位的習慣文化作一個觀察分析,寫一份改善報告。

Chapter 18

壓力管理
STRESS MANAGEMENT

本章學習目標

藉由本課程
1. 瞭解壓力的意涵與壓力對人的影響,建立有關壓力方面的認知基礎。
2. 明白壓力的來源,學習管理壓力的方法與技巧。
3. 培養出正向的壓力管理態度,成為有助於增加工作效能的好習慣。

經濟不景氣，大家都感受到很大的壓力。在不景氣的時候，更應該投資自己，充實自己 (enrich yourself)。景氣差，更要強化員工的研發和訓練，加強員工教育訓練。

從職場心理健康講座談起

筆者曾應台北市立聯合醫院 (Taipei City Hospital) 之邀，做一場「如何紓解身心壓力」的專題演講。朋友說，不是醫生，怎麼能夠做「健康管理」、「壓力管理」之類的演講。其實這是觀點上的不同，醫師從醫學專業的角度來談這些問題，而筆者是從一位專業經理人的管理觀點、一位民眾、以及 "user" 的角度來看健康管理和壓力管理。就像來自消費者的看法，有時候更能反映市場的情況，消費者的要求比公司管理階層的認知來得更有意義，不是嗎？

「壓力」(Stress) 一詞源自拉丁文，原本是「困苦」的意思，現在「壓力」指的是我們遭遇或面對難以處理的情況作出反應時內心產生的感受和體驗。當我們遇到挫折而面臨壓力的情況下，往往會不自覺地肩膀往上聳起，背部僵直，呼吸變淺，就像一隻貓遇到威脅或危急時，會聳聳肩、背，亮出爪子一樣，這原本就是一種本能。壓力源自於自己，壓力的起因也往往是來自我們自己的感受，讓我們自己感到壓力。

人的壓力，可以用一個數學公式表示，那就是：

$$壓力 = 負載 / 自我能力$$

這裡的「負載」相當於卡車上載的東西，「自我能力」就好像是這部卡車的承載能力。

如果你現在覺得有壓力，可是工作負載並沒有增加，這就表示有以下兩個可能：一是你的「自我能力」減弱了；一是你在上面加了太多別的東西、太多的垃圾負載。例如，在辦公室跟同事處不好，回家後跟家人處不好，這些壓力、這些情緒全都加到工作上，就變成垃圾負載。這些衝突、情緒其實跟你的工作並沒有關係，但都全部被加到你的工作裡面了。

工作上適當的壓力是必要的，有了壓力會激勵一個人認真的工作、勤奮的學

習。在完全沒有壓力的情況下，人會沒有鬥志；但是如果壓力過大，則會產生不良反應，影響健康，透支生命。所以壓力一方面是挑戰，激發我們上進；另一方面也是一些要求，這些要求能夠把人壓垮。

一、認識壓力

身體抗壓「三部曲」

當壓力來臨時，就會有下列三個階段產生：

1. 警覺階段——當壓力來臨時，首先會感覺到心跳加速，體溫與血壓則會降低，肌肉鬆弛。
2. 抗拒階段——在這個階段，產生對壓力的抗拒；或是面對壓力，採取對策 positive response)；或是逃離問題、躲避問題 (negative reaction)。
3. 衰竭階段——身體長期處於壓力狀況下，腦垂體前葉 (如腎上腺) 無法再繼續加速分泌那些激素；時間久了就會導致身體構造和功能的損害，而需要尋求醫療或幫助。

壓力會導致人體免疫力下降

1. 因壓力增大而引起的心理緊張。
2. 因壓力增加而引起的睡眠不足或過度勞累。
3. 因壓力過大而引起的悲觀心態。
4. 因壓力過大而導致飲食失衡。
5. 因壓力而體能、體力下降。

抗壓性

每一個人都需要某種程度的壓力，才能將潛能激發出來；只是情況因人而異，每一個人在面臨不同狀況時所產生的壓力是不同的。只要你覺得給自己的壓力是可以承受，就像蒸汽鍋爐有壓力計，才能顯示何時達到危險壓力，察覺潛在的危險，才可以採取適當的行動，確保安全。

注意，人在壓力過大之下，會不自覺地出現反常的思想和行為，具體的症狀有：

1. 不可思議反常的舉動，像大拍桌子、暴跳如雷、大吼大叫、唉聲嘆氣、猛按電鈴；
2. 憤怒或攻擊的行為；
3. 暴飲暴食或轉而厭食；
4. 神經衰弱；
5. 高血壓。

二、壓力與我們的性格

A 型性格的人，一刻都無法放鬆，輕鬆的度假反而會給他們帶來壓力，因為沒事做反而會令他們緊張。

B 型性格的人，樂於從事各種娛樂消遣，也能享受什麼都不做的悠閒；B 型性格的人極有耐心，很少生氣。

如何培養 B 型性格？

- 擴展工作以外的興趣；
- 嘗試以前沒有時間去做的事；
- 多與 B 型性格的人交往；
- 在午餐時間適度地休息；
- 養成至少一個嗜好。

65% 的 B 型行為加上 35% 的 A 型行為，是一種不錯的組合。

壓力與人的性格

- 自我中心，自以為是的人，在工作上的壓力，主要來自於人際關係的不良。
- 個性偏激的人，往往憤世嫉俗，對生活多所不滿，容易與人結怨。
- 心智不成熟的人，對自我情緒難以控制，對事物缺乏明辨是非的能力。
- 完美主義者，凡事要求盡善盡美，給自己太多的壓力。

- 追求完美如果期望過高，那就是一個人最容易形成壓力的因素之一，追求完美往往是自尋煩惱，因為過於追求完美，非常容易導致失望。人們不切實際的過高期望，是造成過度壓力的主要原因。
- 情緒化的人容易大悲大喜，容易因小事而大發脾氣。
- 自閉型的人怯於在眾人面前表現自己，總是躲在自己的世界裡，容易鑽牛角尖。

三、面對壓力的態度

當壓力來臨時，有些人會變得情緒激動，有些人會變得焦躁不安，有些人會變得鬱鬱寡歡，有些人會變得消極逃避。要防止心理壓力或不良情緒引起的疾病，要學會輕鬆、樂觀、對前途充滿信心。化解壓力，用希望替代失望、樂觀替代悲觀、鎮定替代不安、愉快替代煩惱，保持心理上的健康。

當你心情不好，你可以：

1. **轉移你的思路**：換個角度看壓力，壓力的感覺是由個人認知決定的；同樣一件事情，有些人認為是機會、是挑戰，而有些人則認為是壓力和負擔。關鍵在你怎麼看待它，當你在思考事情時，不妨從多方面看問題。假如從某一角度來看，也許會引起消極的情感體驗，造成心理壓力，這時只要換一個角度，你會看到另一個天地，心理的壓力也會煙消雲散。有了壓力才會認真工作，勤奮學習。勤奮是成功的人取得個人事業成就所共有的特質，也是戰勝壓力的好方法。
2. **可以向人傾訴**：如果面對困難，你感到孤立無援，你可以尋求朋友如親人的安慰，向好友討論自己遭遇到的困難。當別人向你傾訴時，應仔細傾聽，不要顯得不耐煩。
3. **可以親近寵物**：如貓、狗等。
4. **可以培養興趣**：在生活中遇到挫折時，應該暫時把煩惱放下，去做你喜歡做的事，如運動、聽音樂、看電視，或去睡一覺。學會從容平靜地過日子，不必把

自己弄得疲於奔命，不必為一些瑣事而煩惱。
5. 多付出少要求：捨得，捨得，有捨才有得。分享也可以降低壓力。托爾斯泰曾說：「兩個人共同分擔痛苦，還是一個痛苦；兩個人共有一個幸福，則成就了兩份幸福。」

扮演好自己的角色，不必太在乎別人的看法；為自己而活，不必為別人而活。與別人相處時，放慢說話的速度，不要太嚴肅，讓自己放鬆。

Be positive, 不要老是想一些不愉快失敗的事情。

面對問題時，不要選擇逃避，學會以信心、勇氣來面對困難，從瞭解問題來尋找解決問題的方法，並採取適當的行動。有一個探險家去北極，結果卻到了南極。人們問他為什麼，他說我帶的是指南針，找不到北方。那怎麼可能，南極的對面不就是北極嗎？轉個頭就可以了。同樣的，失敗的對面不就是成功嗎？

四、壓力的來源

壓力的來源主要來自下面幾個範圍：

- 來自工作的壓力。
- 複雜的人際關係產生的壓力。
- 來自同事之間的壓力。
- 來自主管的壓力。
- 金錢上的壓力。

心理學家發現，不懂得適時拒絕他人的請託，也是壓力的重大來源。

懂得「拒絕」的方式

1. 簡單而直接的說「不」。
2. 瞭解與解釋的說「不」。
3. 詢問或提案的說「不」。

4. 重複的說「不」。

當你在說「不」的時候，你一定要語言簡短，語調溫和有禮，並尊重對方，感謝對方看得起你所提出的要求。

五、工作壓力的管理

Do you have pressure from your work?

責任——人們感到工作有壓力，來自於他們對工作的責任感。

Why are the pressures come from?

原因

1. 工作時間不定，工作時間過長
2. 通勤時間冗長
3. 呆板、無趣重複性的工作
4. 權責不清，角色規定不明確
5. 不切實際的過高期望
6. 缺少對決策的影響力
7. 與上司不合
8. 沒有朋友，孤立無援
9. 與同事之間的衝突
10. 爭權奪利，爾虞我詐
11. 能力不足，無法完成工作任務
12. 知識更新太快，your knowledge is out of date.

一般來說，壓力較大的職業有：

1. 具有時間壓迫性及競爭性的工作：如業務員、醫生、消防人員……。
2. 需要經常調動工作地點及工作內容的工作：如新聞記者、演員、採購人員……。

3. 作息時間不穩定的工作：如編輯、護理人員、警察、大樓管理員、警衛……。
4. 工作環境危險的工作：如礦工、建築工人、高空作業員、倉庫管理員……。
5. 承擔某種教育責任的工作：如社會工作者、教師、監獄管理人員……。

在工作上，你應該

1. 保持心情愉快，愉快的工作、愉快的學習。
2. 迅速的進入工作狀況。
3. 識別你的上司的為人，妥為因應。
4. 待人以誠，不虛偽，不做作，對人有禮貌。
5. 瞭解並遵守公司規定。
6. 負責盡職，做好你的工作。
7. 不要急於表現，做不是你份內的工作。
8. 注意你個人的形象，在你觀察別人的同時，別人也在觀察你。

小祕笈

- 工作一段時間，站起來，做做伸展運動。
- 長期坐辦公室，容易頸椎疲勞、腰酸背痛、肩周炎、手腕痛、眼睛疲勞，可以看窗外遠處，轉動頸部、深呼吸、不坐電梯改走樓梯。
- 利用時間運動一下，鍛鍊身體。運動是消除壓力的好方法。
- 增強體力，有強健的身體才有體力對抗心理壓力。
- 做好事前的準備工作。
- 盡可能把你的辦公室或周圍環境清理整齊乾淨。
- 安排你的工作，不要讓工作來控制你。
- 根據事情的急迫性，安排工作的優先順序。
- 學習有效地安排時間是減輕工作壓力的好辦法
- 列出待辦事項，每完成一項，劃掉一項，增加成就感。
- 把未完成的工作留到明天完成。
- 可以透過會議討論工作上的問題，尋求解決方法，不必自己獨自坐困愁城。
- 學習對不能接受的要求說「不」。

- 放自己一天假。放鬆自己，休息是為了走更遠的路。
- 不管你有多忙碌，一定要多運動。
- 從學習和工作以外，培養自己的學趣愛好，如繪畫、書法、攝影、爬山、打球……等等。興趣雖然佔用了一些時間，但它對身心的放鬆作用是任何藥物與金錢所無法取代的。
- 音樂是非常有用的心理療法，多聽音樂有助於培養開朗的性格。
- 克服職業倦怠症，不斷向壓力挑戰，才能去除你在工作上的倦怠感。
- 試著改變你工作的時間或工作的方式和內容，維持工作的新鮮感。
- 下班後，不要再想公事。
- 晚上泡個熱水澡，可以有效放鬆繃緊的肌肉與神經。

六、人際關係的壓力管理

- 複雜的人際關係來自你的親朋好友、你的同事、你的上司。
- 面對來自同事之間的壓力：
  1. 做到以誠待人，即使有時不被別人理解，事後卻能贏得別人的尊重與信任。
  2. 瞭解衝突產生的原因，分析衝突對自己產生的危害，盡量把衝突解決，回復正常的工作。
  3. 在工作中建立友誼，安排適當的時間與同事接觸。
- 借助人際關係降壓。與人交好，保持好的人際關係，遇到困難時，別人才願意跟你分享，分擔解憂。
- 聽別人訴苦，也可以有減壓的作用。從別人訴苦中，可以理解到「家家有本難念的經」，而自己的問題相形之下顯得微不足道，或者經由討論中得到建設性的建議，而得到疏解。

與同事相處之道
- 絕對不要與同事為敵。
- 遇到尖酸刻薄的同事，要保持距離，以策安全。

- 遇到挑撥離間的同事，必須謹慎，「害人之心不可有，防人之心不可無」。
- 與同事之間，千萬不要吹牛拍馬屁、口蜜腹劍，也不要太過招搖。
- 遇到有才幹、能力強的同事，應該向他虛心學習。
- 多結交些志同道合的同事，可以互相幫助，互相扶持。
- 來自主管的壓力──要學會如何與上司相處。

七、紓解身心壓力

How do you manage your stress?

- 利用充分的休息及睡眠，可以釋放壓力，保持足夠的休息。
- 保持身心平衡，可以提高健康和處理壓力的能力。
- 在忙碌的生活中，每天抽出三十分鐘來休息，可以減少 63% 精神上的壓力。
- 聽聽音樂，放鬆自己。
- 足夠的睡眠，你承受的壓力越大，需要的睡眠時間就越長。
- 每天補充一千毫克的維生素 C、維生素 B6 和許多種礦物質，可以減少 55% 的壓力。
- 健康的飲食，多吃抗壓食物，如糙米、燕麥、全麥、牛奶、蔬菜、洋蔥、海鮮類……等等。
- 盡量不要食用尼古丁、咖啡因及有刺激性物品。
- 避免一些增加壓力的食物，如酒精、香菸、咖啡因、食鹽、油膩、煎炸的食品、還有含糖過多食物。
- 善於調適自己，當遇到挫折而煩惱時，可以換個心情，把精力轉移到自己喜歡做的事情。
- 當你在家，感到疲倦時，在床上躺一下，休息一下。
- 一次只擔心一件事情。
- 別為芝麻小事而耿耿於懷，自尋煩惱。
- 說出或寫出你的擔憂，把情緒抒發出來比悶在心裡有益得多。
- 在你的住處或陽台種些植物花草，也能有效地鬆弛緊張的心情。

- 自己的居住環境，在裝潢時盡量避免紅色和黃色，紅色容易使人興奮，刺激延續緊張狀態的激素分泌；小孩則喜歡在黃色基調的房間裡吵鬧；顏色柔和的顏色(如淡藍色)最容易穩定情緒。
- 換上舒適的衣服，會讓你感到輕鬆。
- 學習如何放鬆緊張，以平和的態度看事情。
- 遠離工作壓力，去玩、放鬆一下。盡可能從事那些能讓自己愉快、忘掉一切煩惱的活動。
- 學會自我調適身心，打打球、看看書、看場電影、做做園藝，都是很好調適身心的方法。擁抱大樹也可以減壓。
- 多讀些書，當你「閱讀」後，你可以從書本中得到「知識」，知識慢慢成為你的「智慧」，智慧漸漸轉化成你個人的「修養」。讀書不是為了彰顯你的學問，而是要把你所學的知識與生活結合在一起，在生活中付諸實踐，成為有用的知識。
- 跑步、健走、游泳、打網球、桌球、騎自行車，都是很好有益身心的運動。

希望這些減低壓力，紓解身心壓力的方法，能對你有些幫助。

腦力激盪、實務精進

❶ 在日常生活和工作上，找出三個你認為主要的壓力問題，剖析並寫出你對這三個壓力問題的瞭解程度。
❷ 針對上述三個壓力問題，依據你瞭解到的程度，寫出你的解決方案。
❸ 實施你的解決方案，並予以檢討分析，寫出一份解決方案實施的經過和檢討報告。